[美]博恩·崔西（Brian Tracy） 著

麦秋林 译

重塑自我

挖掘潜能，成就非凡人生

REINVENTION

中国科学技术出版社

·北京·

Reinvention
Copyright © Brian Tracy
Published by arrangement with HarperCollins Leadership, a division of HarperCollins Focus, LLC.
The simplified Chinese translation copyright by China Science and Technology Press Co., Ltd. All rights reserved.
北京市版权局著作权合同登记　图字：01-2021-5816。

图书在版编目（CIP）数据

重塑自我 /（美）博恩·崔西著；麦秋林译 . —北京：中国科学技术出版社，2021.12（2023.12 重印）

书名原文：Reinvention

ISBN 978-7-5046-9282-5

Ⅰ.①重… Ⅱ.①博… ②麦… Ⅲ.①成功心理—通俗读物 Ⅳ.① B848.4-49

中国版本图书馆 CIP 数据核字（2021）第 227906 号

策划编辑	杜凡如　陆存月	责任编辑	申永刚
封面设计	马筱琨	版式设计	蚂蚁设计
责任校对	吕传新	责任印制	李晓霖

出　　版	中国科学技术出版社
发　　行	中国科学技术出版社有限公司发行部
地　　址	北京市海淀区中关村南大街 16 号
邮　　编	100081
发行电话	010-62173865
传　　真	010-62173081
网　　址	http://www.cspbooks.com.cn

开　　本	787mm×1092mm　1/32
字　　数	100 千字
印　　张	7.5
版　　次	2021 年 12 月第 1 版
印　　次	2023 年 12 月第 2 次印刷
印　　刷	北京盛通印刷股份有限公司
书　　号	ISBN 978-7-5046-9282-5/B·75
定　　价	59.00 元

（凡购买本社图书，如有缺页、倒页、脱页者，本社发行部负责调换）

前言
PREFACE

我对"重塑自我"这个话题感触很多。21岁时,我是一名建筑工人,冬天凌晨5点起床,换乘3辆公交车去上班,整天干着把建筑材料从一个地方搬到另一个地方的活儿。我下定决心要改变自己的人生。我意识到,我要承担对自己的责任,要对发生在自己身上的一切负责。

当我坐在狭窄的单间公寓里,这个念头如照相机闪光灯般猛然闪过脑海。我要对自己负责。从那天开始,我要靠我自己,谁都不会替我承担这个责任。

那一刻,我第一次决定要放下过去,重塑自我。我展望未来,然后问自己:"我这一生到底想要什么?"

我想要的不过是一切普普通通的东西:高薪的工作,做自己喜欢的事,令人愉悦的人际关系,健康的身体,最后,还有经济独立。

我记得,有一天午休间歇,我去了趟书店,想买一些对自己有帮助的书。我挑了一些商务类的书,还有一些心理学、哲学、经济学以及关于个人成功的书。因为我独自生活,所以可以自由掌控的业余时间很多,每天晚上都会花好几个小时读书。

我学得越多,信心便越强。我开始给公司写信申请白领职位。虽然很长一段时间没收到回复,但最终有人聘用我去销售办公用品。这便是我的人生新的起点。

这么多年来,我在不同的岗位、不同的行业里对自我进行重塑。从销售人员升级为销售经理,最终晋升到国际大公司的副总裁,负责拓展公司在6个国家的业务。后来,我拿下房地产开发经营许可证,又对自己进行重塑,成为一个房地产开发商。

我一边读书，一边寻找经济伙伴。多年之后，我所经营的公司逐渐成长为价值上亿美元的房地产巨头。

后来，我又重塑自我，成了进口商和分销商，引进一整套日本汽车的生产线，建立65家经销店，销售总价值数千万美元的汽车。

在每个重塑自我的阶段，我都会坐下来，拿张白纸，决定并写下自己下一步该怎么做或者下一个职业是什么。然后我走出去，读书，对他人进行访谈，提出问题，尽我所能对要做的事情或要从事的职业进行探索，随后全心全意投入其中。

重塑自我的过程并非一帆风顺，会遭遇各种各样的挫折与困难，甚至会品尝暂时的失败之苦。看似挺好的行动方案常常会变成死胡同，可往往在关键时刻又会柳暗花明。

我知道重塑自我的关键在于"持续进攻"。想好自己要向何处发展，然后采取行动。尝试一次，再尝试一次，又再尝试一次。永不放弃，砥砺前行。

在本书中，你会学到一些有用的思维工具，会让你在重塑理想自我的过程节省数月甚至数年的时间。

博恩·崔西

目录
CONTENTS

绪　论　日新月异的世界　　　　　　　　　／001
第一章　你是非同凡响的　　　　　　　　　／012
第二章　你是谁　　　　　　　　　　　　　／029
第三章　你想要什么　　　　　　　　　　　／043
第四章　你有什么价值　　　　　　　　　　／076
第五章　如何得到心仪的工作　　　　　　　／097
第六章　如何超越他人　　　　　　　　　　／141
第七章　如何充分发挥自己的潜能　　　　　／193
总　结　现在你应该怎么做　　　　　　　　／230

绪 论
日新月异的世界

无论我们身在何地,都不过是征途一站;无论我们做什么,不管做得多好,都不过是为他事绸缪。

——小说家罗伯特·路易斯·斯蒂文森(Robert Louis Stevenson)

🌱 让美好时光常驻

未来或许难料,但阅读这本书,你会有所收获。直到现在为止,不管你已经取得什么成就,相较于在接下来的激情岁月里你所要取得的成就,那只不过是一抹淡淡的影子。你要明白这个道理并泰然处之:无论今天的生活正在发生什么变化,都只是一

个更庞大计划的组成部分，这个庞大计划会引导你不断提升，直至最终发掘你的潜能。

1951年的一天，阿尔伯特·爱因斯坦刚刚结束了一场对物理专业高级班学生的考试，走在回办公室的路上，他的助教拿着试卷问爱因斯坦："博士，您今天给这个班级出的考题不就是去年他们考过的题目吗？"

爱因斯坦回答："是的。"

助教对这位20世纪最伟大的物理学家十分敬畏，于是又问："请原谅我这么问，博士。您为什么连续两年给同一个班级出同样的考题呢？"

爱因斯坦只简单答道："考题相同，但答案变了。"

那个时候，物理学界正迎来许多新突破和新发现，同一题目的正确答案已不同于去年。

这与你有何关系？你生活中的答案也正以史无前例的速度迅速变化着。如果有人问你："一年前你最大的问题或最大的目标是什么？"你甚至可能都不知如何作答。因为答案已经完全变了。

绪 论
日新月异的世界

哈佛大学研究人员曾对未来做出三个预测。第一个预测：他们指出，接下来的一年将会迎来比以往任何时候都要大的变化；第二个预测：接下来的一年将会迎来比以往任何时候都要激烈的竞争；第三个预测：不管你身处哪个行业，接下来的一年将会迎来比以往任何时候都要多的机会。可这些机会有别于今天的机会和行动。

哈佛大学的研究人员在1952年做出这些预测。到了今天，这些预测还如当初一般正确。然而，答案还是变了。

还有另一个预测：接下来的两年里，今天的在职人员会在同一家或不同的公司里从事不同的工作，承担不同的责任，这些责任要求他们拥有不同的技能以实现不同的目的。那些无法应对变化和挑战的人将会受到最大的影响。

由于社会瞬息万变，几乎每个人在生活的一个或多个方面都处于转变的状态。日新月异是不可避免的、无法规避的，也是无法阻挡的。在这个或许

是人类历史上最激动人心的时代，能够有效应对变化是成功生活的首要前提。

换工作

最常见的变化方式也许是失去或更换工作。美国每年都有 2000 多万份工作消失或重整，好消息是每年也会创造出 2200 多万个新岗位。

哪怕每年有千千万万的新人进入职场，经济还是不断地为他们创造就业机会。

今天你可能因为职业变化而处于转变的状态。毕竟，一般来说，今天的职场新人一生中会有 11 份持续两年或以上的工作，会在不同领域里从事 5 份或以上持续多年的职业。

人们从一个行业转到另一个行业，从一个地方换到另一个地方，这很普遍。许多人正在彻底变换职业。也许是对某份工作、某个职业的兴趣消失了，然后他决定做出重大改变。经济环境的变迁、消费

绪论 日新月异的世界

者品位的改变、国家或国际竞争状况的变化，常常导致行业规模缩减甚至整个行业消失。在某个行业中，人才需求可能会在短短几年内减少，甚至消失。

工作和行业过时了

20世纪初，马车制造和马匹护理是主要的用人行业，经营者聘用了数十万员工。汽车刚刚发明出来的时候，大家都不看好，可没过几年，马匹、马车以及所有相关的工作全都消失在历史的长河之中。与此同时，汽车制造业和零部件行业创造了数十万，最终数百万个就业岗位。这些岗位的工作环境比之前的更干净，薪水更高，也为员工提供了更多提升的机会和更高的生活水平。

1990年，美国最庞大的劳动力群体是银行职员。可随着计算机和互联网时代来临，自动柜员机的出现，银行需要的员工越来越少，数百万银行职员被裁员，他们可以去其他行业从事更有趣、更高薪的工作。

重塑自我
REINVENTION

2004 至 2007 年，房地产十分繁荣，数十万人涌入房地产、贷款和产权保险等行业，许多人迅速发家致富。可是，2007 年夏季次贷危机爆发了，不少人陷于贫困。

就像曾经发生的一样，经济形势变幻莫测。那些诱人的、高薪的稳定工作数量骤减，境况比之前还糟糕，这让很多人摇头叹息，他们心中疑惑到底发生了什么。

生活方式的变化从未停止

许多人因家庭处于不同的阶段而经历巨大的变化。结婚，尤其是首次结婚，需要我们在生活的许多方面做出改变。离婚，尤其有孩子牵扯其中，将引来另一种重大变化。配偶去世常常使一个人的生活发生翻天覆地的变化。

孩子诞生并进入家庭生活也会导致变化。孩子成长的每个阶段，父母必须调整，面对新的压力，

绪 论
日新月异的世界

承担新的责任。随后,孩子长大离开家,必定带来更多变化。有时,孩子离开家的决定对一些家庭来说是一个完全改变生活的机会。

你的一生中,经济状况的变化——尤其是遭遇窘境,甚至是破产——会导致你的生活发生改变。有时,重大的经济损失会逼迫你对自己生活的各个方面进行彻底的重新评估。

在信息爆炸、新技术和各种竞争的推动下,世界变化的速度不会慢下来。这些因素反而让世界的变化提升到几乎令人瞠目结舌的速度。

为了确保你的人生能越来越成功,你的目标应该是成为掌握变化的主人,而不是成为承受变化的受害者。所以,你要利用生活中这些不可避免、无法规避的变化阶段重塑自我。

思考未来

最成功、最快乐的人都有一个特征:他们都是

极其以未来为导向的人。他们喜欢思考未来，他们拒绝沉湎于无法改变的过去。相反，他们会专注自己能掌控的因素，以及自己能采取的行动，去创造自己渴望的未来。

以未来为导向的人具有特殊的处事态度。他们相信自己最快乐的时刻、最心满意足的体验在未来，等待着他们去创造、去享受。他们如儿童期盼圣诞节那般，对未来翘首以盼："我都等不及了！"

我们生活在人类历史上最好的时代。从来没有一个时代能像今天这般，能为这么多人提供如此多的可能性，让人们挣很多钱，享受好的生活，健康长寿。而且，这些状况在未来还会进一步改善。

崭新的 65 岁

许多年近五六十岁的人担忧没有足够的存款，退休后无法舒舒服服地过日子。不要担心，今天的 75 岁就是崭新的 65 岁。平均来说，今天 65 岁的人

绪论
日新月异的世界

通常精神和身体状况良好,他们可以期盼自己再富有成效地工作 5 年或 10 年。

对于今天 50 岁的人来说,职业生涯只是刚刚过半。你拥有的时间比你想象的多得多。所以你更应该审视自己的生活,开始考虑为未来的数十年重塑自我。

🌱 转折点

在一项多年前进行的研究中,研究人员向 300 位在三四十岁成功过渡到新职业领域的人提出一系列关于生活的问题。其中一个问题是:在你此前的生活中,多是平凡的工作中平凡的表现,后来你体会到非凡的成功,两者之间的转折点是什么?

这 300 人中,除了一位,其他人都承认自己生命中的转折点是"意外的失业"。

多年来,他们的生活一帆风顺,有份舒服的工作,领着不错的薪水,丰衣足食,悠闲度日。然而,

某些意料之外的事情发生了，可能是一次兼并，一次收购，破产，市场对公司产品或服务的需求大幅下滑，也可能是自己与老板产生了冲突。忽然之间，他们丢了工作，被扫地出门。这时候，他们每个人都会自问：我的人生到底想要什么。

他们往往得了笔遣散费或手头有存款，可以花点时间去好好思考未来。他们有勇气去展望未来，思考自己要去做与以往不同的事情。

"意外的失业"成为这些人以及许多其他人生命中的转折点。当你回顾自己的人生，也许会发现"意外的失业"也是让你的职业或生活发生重大变化的导火索。回首往昔，你可能会对这个变化心怀感激，尽管它是意料之外的，也许当时还令你心慌意乱，但你感谢它发生了。

适应，调整，反应

达尔文说过："幸存下来的不一定是最聪明或最

强壮的物种,而是最能适应变化的物种。"

后退一步,仔细审视自己的人生,然后重塑自我,这能让你的健康状况、幸福感和满足感得到极大的提升,这也可能是你做过的最重要的一件事情。

在下面的篇章里,我会带你一步步学习如何重塑自我。在人生的任何阶段,你都可以运用这些方法。

第一章
你是非同凡响的

只要我们认为自己可以,但凡能力所及之事,几乎无所不成。

——专栏作家、作家和出版商乔治·马修·亚当斯(George Matthew Adams)

你是非同凡响的,拥有卓越的品质。你的天赋和能力,永远都用不完。从今天起,你生命的成就只会受限于自己的想象。

你的大脑约有 1000 亿个神经元,每个神经元通过复杂的神经节和树突网络与多达 2 万个细胞相连。这就意味着:你可以产生的想法数量及这些想法的组合数量相当于 1 后面跟着 8 页 0,这个数比已知

第一章 你是非同凡响的

宇宙的分子数量还要大。

著名的自我发展作家和演讲家韦恩·戴尔（Wayne Dyer）说过："每个孩子都是带着'密令'来到这个世界的。"你来到世间是要在生命中完成某些美妙的事情，其他人无法完成、唯有你才能完成的事情。

无论从哪个角度讲，你都是独一无二的。在这个世界上，在人类的整个历史中，没有任何一个人拥有你所拥有的天赋、能力、知识、经历、洞察力、感受、渴望、抱负、希望和梦想。永远也不会有。

当你意识到自己可以充分发挥潜能，成就自己所能成就的一切时，会产生一种无比美妙的感觉，这一刻，你会收获人生中最大的满足与快乐。唯一的问题是：你是个乐观的人还是悲观的人。你看杯子是半满的还是半空的？

最高薪的工作

哪些工作是高薪、重要的工作？有些人认为是

运动员、演员、财富 500 强的首席执行官或其他的一些工作。实际上，最重要的工作是"思考"。

你思考得越周到，所做的决定便越好；你所做的决定越好，采取的行动便越有效；你采取的行动越有效，得到的结果便越好。从长期看和从短期看，你思考的质量会在很大程度上决定你生活的质量。所有真正成功的、快乐的人都很善于思考。

思考之所以那么重要，其导致的结果是原因之一。当某事物可以带来重大的无论好坏的潜在结果，那么它一定是重要的。当某事物带来不了什么结果或根本无法带来结果，那么它一定是无关紧要的。

思考的质量很大程度上可以用以下标准来衡量：先考虑做或不做某事可能产生的结果，然后把大部分的时间和精力放在那些能产生最重大意义的行动上。

以未来为导向的人具有一个特点：他们会做长远考虑。在做任何事情之前，他们会对未来几天、几周、几个月，甚至几年进行预测，仔细考量某个

第一章 你是非同凡响的

特定的行动可能产生的结果。

对于未来某一刻要实现的目标，你有越清晰的认识，就能在当下做出越好的决定，就越有可能实现你的目的。

今天，你实际上是个知识劳动者。你的学识越丰富，可以用来塑造自己思维、提升自己决策能力的方法就越多，能确保自己取得越好的结果。幸运的是，批判性思维是一项可以学习的技巧。经常加以练习，就会擅长运用它。

适用于 21 世纪的思维技巧

为了在变幻莫测的世界里取得成功，你必须掌握一系列思维技巧。我把它们称为"七重"技巧。

1.重新评估：这个技巧是指你抽出时间对生活的各个方面重新进行仔细检查，尤其是当生活经历巨变时。当你体验到压力、阻力、挫折、失败、失望或各种各样的困难时，就知道是时候进行重新评

估了。当你长期对自己的工作或个人状况感到烦恼、愤怒或不开心时，就表明你该后退一步，基于当前的情况进行重新评估。

通用电气公司原首席执行官杰克·韦尔奇（Jack Welch）说过："最重要的领导力原则是'现实原则'。"他对这个原则的定义是"以世界的本来面目而非你所希望的样子来看待世界"。众所周知，在解决问题的会议上，杰克·韦尔奇一到会场就会提出这个问题："现实如何？"

坚强的人会直面现实。相较于"谁是对的"或"对错与否"，他们更关心什么是真的。他们会执意找出事情的真相，直面问题的现实状况，而不会回避问题或希望问题消失。他们会基于当前现实不断地重新评估自己所处的环境。

2. 重新思考：思考的质量很大程度上取决于你用来分析的信息量。正如国际电话电报公司（ITT）前总裁哈罗德·杰宁（Harold Geneen）所言：在重新思考的过程中，你要竭尽全力"了解事实"。你要

第一章
你是非同凡响的

针对个人、问题或情况提出尽可能多的问题，让自己可基于事实而非情感来做出决定。

要保持冷静，保持思维清晰，最好的方法之一就是提问。到底发生了什么？怎么发生的？什么时候发生的？谁涉及其中？在这种情况下可能会发生什么？可以立刻采取什么行动来应对这种状况或减少成本？

另一种可以帮助你更清晰地进行重新思考的方法是把每个细节写在纸上。这时，脑与手之间似乎发生了美妙的事情。你写下的细节越多，你就会变得越冷静、越清晰、越有可能得到预期的结果。经常出现的情况是：正确的行动会从纸面上跃然而出。

3. 重新组织：对人员或业务进行组织是为了确保公司以尽可能最平稳顺畅的方式运营。随着时间、人员和业务状况的变化，你必须不断地对目前的生活方式、工作方式和经商方式进行仔细审视，做好准备，对某些流程、程序、行动进行组织、再组织，从而提升公司运营的顺畅度，提高个人工作或个人

生活的效率。

在过渡时期，许多人会对生活进行彻底重组。有些人会从城市搬到乡下或从乡下搬到城市，有些人会从独立住宅搬到公寓或从公寓搬到独立住宅。他们会对公司或个人生活进行重组，让一切运转得更顺利。

4.重整结构：因为你永远不可能有足够的时间、足够的金钱来取得自己想要的一切，所以你必须对时间和金钱进行有效利用。重整结构指的是把时间、金钱和资源从低价值的行动转向更高价值的行动。

在商业上，重整结构指的是把最好的能力和资源转移到具有最大机遇的领域。在个人生活中，重整结构指的是把更多个人时间花在能给你带来最大幸福感和满足感的行动中。这可能要求你必须把精力集中到自己20%的工作活动中，这些活动是你大部分的收入来源，这样便可节省出更多时间来处理家庭或个人事务。

5.重造流程：这个流行的管理工具致力于流程

第一章
你是非同凡响的

的简化,即不断寻找方法来降低流程的复杂程度或减少流程的步骤。

通过把低价值、没价值的任务和活动委派给工资水平比你低的人,或委派给能用更低成本来完成这些任务和活动的人,或委派给能比你完成得更好的人,就能减少工作流程的复杂程度。

通过把公司里或生活中非核心的工作外包给专业的公司或专业的人,你就能对自己的生活进行流程重造。实际上,相比自己亲自处理,把低价值的任务外包给专业的公司,成本会更低,而且会产生更好的效果。

另一种简化工作的方法被称为"通过工作整合来实现责任扩展"。也就是说,你要把几项工作放到一起,全部亲自动手处理,或把它们全部交给别人负责,而不是让多个不同的人各自来承担其中的部分工作。

最后一种对生活进行流程重造的方法是简单地砍掉一些活动和任务。很多事情你每天都在做,在

某个时刻它们可能很重要，可现在，与其他事情相比起来，它们已经没有太多意义，或已毫无价值。

6.重塑自我：这是你学到的最激动人心、最具革新性的思维方式之一。重塑自我指的是在你的过去下面画一条线，想象自己今天在任何一个领域重新开始，从头开始，你会怎么做或能怎么做。

如果你的公司一夜之间被烧成灰烬，你必须在新的基础上重新开始，哪些事情是你会马上开始做的，哪些事情是你永远不会再次开始做的？

如果你的工作、公司、所处的行业或专业领域消失了，崩塌了，或变成非法的了，你的工作生活必须从头开始，你会选择做什么样的工作？你会选择在哪里开始？你会选择开发哪些新技能或新能力？如果你的生活可以彻底重塑，那么它会与今天有何不同？

在生活的每个领域中你都运用零基思考法，问问自己："今天，若须从头再来，已知现在所知，那么现在所做的事情中，有没有我不会再去做的事

第一章 你是非同凡响的

情？"这就是最有效的重塑工具。我将它称为"已知现在所知"分析法（Know What I Now Know, KWINK）。

今天，若须从头再来，已知现在所知，现在的个人或业务关系中，有没有你不会再培养的？今天，若已知现在所知，你生意的各个环节中，如产品、服务、流程、程序、支出等，有没有你不会再用的？

最后，若已知现在所知，你生命中投资出去的时间、金钱或情感中，有没有你不会再投资的？想象一下：你挥动一根魔法棒，对自己生活的任意部分进行重新塑造，你想要做出什么改变？你会做什么不同的事情？

7. 重获掌控：当你经历生活中的重大变化或过渡期时，可能常常感觉自己就像一艘刚遭遇风暴的小船。有时，你会觉得自己的身心正在经历大起大落。在这种起伏不定的混乱中，有时你会在"进攻或逃避"中来回摇摆，你会觉得自己好比一辆情绪

过山车。这时，你比任何时候都更加需要重新掌控自己，重新掌控自己的感觉与行动。

心理学家提出了一个被称为"控制点"的理论。据此理论，一个人可能是内控型，也可能是外控型，或介于两者之间，这因人而异。内控型的人觉得自己能够掌控生活，掌控局面。所以，当状况出错时，这样的人会更冷静，思维更清晰，情绪更积极。

外控型的人觉得自己很大程度上受其他人、环境以及外部事件的掌控。他们觉得自己"失了控"，所以当经历压力和消极状况时，常常会出现身心疾病。

重获掌控的 7 个阶段

心理学家伊丽莎白·库伯勒－罗斯（Elisabeth Kubler-Ross）指出了一个人在为所爱的人，尤其是配偶或孩子的离世而悲伤时所经历的几个阶段。当人们面对工作或个人生活中意料之外的挫折或逆

第一章 你是非同凡响的

转时，同样也会经历几个类似的阶段。

1. 第一个阶段是否定。这个阶段的反应通常是：我简直没法相信！这不可能发生！否定——拒绝面对不可避免、无法规避的现实——会让人很痛苦、很不快乐。

2. 应对死亡或挫折的第二个阶段是愤怒。一旦确认事情已经发生，人们就会对他们心中认为应当为所发生的一切负责的人或局面表现出愤怒。

3. 紧接愤怒之后的第三阶段是谴责。经受创伤事件或某种损失的人马上就会把所发生的一切归咎于其他人或其他事。他会向自己和其他人解释为什么他是无辜的，他不快乐的原因都是别人的错。

当一个人处于否定、愤怒、谴责状态时，几乎不可能冷静、理智地应对，继续向前。这些负面情绪会让你困在原地，就好像双腿注了水泥，无法前行。

4. 一旦你经历了否定、愤怒、谴责，下一个阶段就是内疚。你开始觉得是由于自己做了或没做一

些事情，从而导致或促成了问题的产生。内疚感很快就会变成负面的情绪，感到自卑或抑郁。你可能想要放弃，或为自己感到难过，很容易自怨自艾。

5. 真正能化解否定、愤怒、谴责情绪的良药是接受应该承担的责任。只有当你接受自己应该承担的责任，接受自己的所作所为对发生的一切负有责任，才能处理问题，控制局面。

因为，接受责任与控制感之间存在直接联系。再者，控制感与积极情绪之间也存在直接联系。你承担的责任越多，就会有更强的控制感，就会变得越快乐、越积极。

许多年前，我在研究中惊讶地发现"我负责"这几个字的力量。当你在说"我负责"的时候，就不可能为生活中的问题而生别人的气或责怪别人。你对自己重复"我负责"这句话的次数越多，就越能切断模糊自己判断和让自己不快乐的负面情绪。

这时，你可能想去争辩，竭力指出另一个人或其他人所做的一切伤害到了你，认为你完全有理由

第一章 你是非同凡响的

对他们感到愤怒。但重要的是要记住心理学家杰拉尔德·詹姆波尔斯基（Jerald Jampolsky）曾经提出的这个问题："你想自己是对的，还是想自己是开心的？"

在个人生活或商务生涯的大部分负面局面或逆转中，你最起码负有部分责任。有时，你甚至要负全部责任，这是让你感到最愤怒的。你一定做了或没做某些事情，导致了这个意料之外、不受欢迎的情况。你一定没留意某些表明情况出错的迹象。实际上，如果你越觉得自己该对发生的一切负责，就越容易在开始的时候对别人大发雷霆。

可这没用。接受所承担的责任纯粹是你自己的行为。你只为一个原因接受所承担的责任：让自己重新恢复平静的情绪、清晰的思维和个人掌控感。接受所承担的责任之后，你不会感觉愤怒、不幸和受挫，而是会立刻冷静下来、放松下来。

有时，你当然是无辜的，发生的事情与你毫无关系。可你仍需对自己的反应负责。要记住：决定

你快乐与否的，不是发生在你身上的事情，而是你对发生在自己身上事情的反应。正如莎士比亚所写的："事情本身并无好坏之分，是人的想法让事情出现了好坏之分。"

6. 就重获对自己思想的掌控而言，"重构"是你可以使用的最强大的工具。你对任何情况的感觉很大程度上取决于你的解释方式——也就是说，取决于你如何向自己解释所发生的事件，以积极的方式还是消极的方式。

在重构事件的过程中，你要以积极的方式来诠释它。你要变换语言。在重构事件时，你不要把它定义为问题，而应是状况。问题会让你觉得沮丧，觉得紧张；而对于状况，你只需去处理即可。

还有一种更好的方式，你可以将状况重构为挑战。挑战是需要你奋起应对的，它会引出你身上最好的东西。挑战是你期待的积极体验。

最好的方式是把意料之外的挫折诠释为"机会"。问题会让你受挫，会消耗你的时间、金钱与情感，

第一章
你是非同凡响的

而对于机会，你需要迅速行动起来，对之加以利用。

你还记得我说过的：在取得伟大成就的那300个人里，有299人把自己的成功归功于意外失业吗？他们并没有对解聘他们的老板或公司产生否定、谴责、愤怒的情感，而是把失去工作当作挑战，当作机会，重塑自我的机会，对自己的生活做一些完全不同的事情的机会。

7. 东山再起。一旦你承担了自己的责任，用积极的方式来诠释负面的事件，彻底掌控自己的思想与情感，那么你就准备好东山再起了。正如拿破仑·希尔（Napoleon Hill）所说："治愈忧虑的唯一方法是朝预定目标采取果断的行动。"

你接受所发生的一切是不可避免的，是无法逆转的，你拒绝为过往担忧或无法改变的事情浪费一丁点时间。你专注未来，未来会带给你无限的可能和机会，你决定去为自己创造美好的生活。

▶ 实践练习

1. 根据今天的现实，在你生活的哪个特定领域，你应该花点时间去彻底重新评估自己的处境？

2. 你要如何重新组织自己的生活或工作，才能使之与你想要的和能让你快乐的东西更加协调？

3. 你要如何对自己的生活或工作重整结构，才能让你花更多的时间去做能给自己带来最大回报的事情？

4. 你如何通过委托任务、精简整合或砍掉低价值或无价值的任务和活动来简化自己的生活？

5. 如果你能挥舞魔法棒，把自己的生活进行彻底重塑，那么你会做出什么改变？

6. 你需要在生活的哪些方面承担全部责任，才能开始向前迈进？

7. 学习本章的内容之后，你马上会采取的行动是什么？

第二章
你是谁

人,了解自己。

——希腊谚语

自我认识或自我认知是自我接受和自我尊重的起点和基本要求。你对自己知道得越多,了解得越多,了解自己是谁,知道自己对自身行为有何感想,了解自己为什么会有这样的感想,就越有能力在生活各个方面做出更好的决定。

最近有研究人员对老年人展开调查,尤其是年过百岁的老年人。研究人员问他们:如果人生可以从头再来,他们会做什么不同的事情。他们的答案相当一致。

这些老年人说的第一件事是他们会冒更多风险，做更多尝试。他们不会那么小心谨慎，会尝试新工作，采取新行动，发展新关系。他们不会那么在意失败的可能性或周围人的评价。他们会抓住更多机会。

第二个最多见的答案是他们会少一些忧虑。他们不会为金钱问题、身体健康、家庭状况、工作日夜忧心忡忡。相反，他们会更放松，懂得这些让他们感觉压力最大的烦恼终将解决，这根本就不重要。

这些老年人第三个也是最重要的常见反应是：回顾一生，他们会停下来，花更多时间思考到底什么对他们真正重要。他们不会让自己变得那么忙碌，不会多年来从不考虑自己真正想要什么。回首往昔，他们意识到几乎自己所做的每一件事都是应另一个人或形势的要求所做出的回应或反应。他们的生活很大程度上取决于其他人的决定和需求。

第二章 你是谁

🌱 暂停

令人难过的事实是我们常常忙于日常事务,很少有时间彻底停下来,静静思考自己是谁,自己真正想要的是什么。

在过渡期里,当生活的一个阶段结束时,我们常常会收到一份所谓的"时间礼物"。这就好比足球比赛里叫暂停,我们在自己的生活中也能喊暂停,从而基于我们现在所知,对当前的形势重新评估,为未来确定不同的游戏计划。许多历史伟人都认同要花时间进行反省的想法。譬如,苏格拉底说过:"未经审视的人生不值得过。"亨利·福特说过:"思考是最困难的工作,也许这就是为什么那么少的人愿意进行思考的原因。"还有爱迪生说过:"只有少数人会思考,还有一些人认为他们会思考,而绝大部分的人宁死都不会去思考。"

通常来说,你的生活太繁忙,以至于如果不停下来把一切关掉,摆脱常规生活,生活就会在惯性

的作用下一如既往地继续下去。毕竟，牛顿的惯性定律指出：运动物体惯于维持原有的运动状态，除非以外力作用于此物体之上。今天，我们会说："你正在做的事情越多，收获的结果就越多。"

如果你不花足够多的时间对自己、过往、当前和未来进行思考，那么就不会审慎思索，就会犯更多错误，常常会陷入比之前还糟糕的境地。法国作家布莱士·帕斯卡（Blaise Pascal）曾经写道："所有人的痛苦都源于不能独自坐在安静的房间里。"

如果不花时间去思考，分析自己的生活和所处的境地，你通常会仓促做出导致不幸后果的决定。有这样一条规律：很快做出的用人决定、工作决定、财务决定往往都是错误的决定。

彻底审视自我

在重塑自我的过程中，关于要做什么以及要怎么做的最佳想法通常来自花时间去审视自己的过往

第二章 你是谁

与当下——仔细思量那些助你走到今天的想法与经历。这非常像做彻底的身体检查,医生要求抽血来分析你身体健康的相关成分。据此,医生就能确定你身体的问题,从而提出解决的建议。

只有当人们对知识、信息、经验提出问题时,这些知识、信息、经验才会变得有意义,变得有价值。当你针对自身以及内心的真实感想提出问题并加以回答时,就像给自己拍了一张全方位的快照,你能清楚地了解自己是怎样的人。

以下问题可以让你分析自己,了解真实的自己,懂得自己内心更深处的渴望。尽可能迅速地写出答案。你分析的时间越短,答案便会越接近内心真实的想法。

1.每个人都是依照自己的内心活着。快乐的人是那些非常清楚自己相信什么、支持什么的人。你的真正价值总是体现在你的行动与行为中。依据对应原则,你的外在世界往往是内心自我的镜像。清楚了解自己的真实价值至关重要。此时此刻,在你生命中,最重要的三个价值是什么?

(1)_____

(2)_____

(3)_____

2.对你而言最重要的三样东西是什么？这个问题的答案始终都是这三样东西：人员、行动和想法，当你想到或谈到它们时，会触发你内心最强烈的情绪。它们是什么？

(1)_____

(2)_____

(3)_____

3.多年以来，你最优秀的品质会让你不断成长。它们是你个性中最本质的元素。你最优秀的三个品质是什么？

(1)_____

(2)_____

(3)_____

4.在你的生命中，你感觉最骄傲的三项个人成就是什么？这个问题的答案会透露很多关于你的信息，

第二章 你是谁

会充分表明你的真实价值,以及什么对你真正重要。

(1)_____

(2)_____

(3)_____

5.你最擅长的三项技能是什么?这些通常是你在工作或职业生涯中取得成功的主要原因。

(1)_____

(2)_____

(3)_____

6."三项原则"指的是:如果你对自己的每一项工作进行分析,会发现有三项活动决定了你对自己和公司作出的90%贡献。你在生活中所取得的成功都是源于多做这三项活动,并且自己会变得更加擅长这三项活动。在你的工作中,哪三项活动决定了你最大的贡献?

(1)_____

(2)_____

(3)_____

7.在职业生涯中,你曾有过"巅峰体验",即完成某件带来显著成就的任务时的感受。大多数情况下,这些成就源自努力工作和坚持不懈,源自你运用自己最好的才能和能力来实现某个特定的结果。在你的职业生涯中,最大的三项成就是什么?

(1)_____

(2)_____

(3)_____

8.你具有特殊的才能、能力和品质,从而使你有别于世界上的其他人。当你完成任务或工作时,把此三项一起加以运用,就能从工作中收获最大的喜悦,取得最好的结果。你曾经拥有过的三份最佳工作是什么?

(1)_____

(2)_____

(3)_____

9.工作中哪三种活动会给你带来极大的满足?这些可能是你为工作和公司投入最多的活动。但凡

第二章 你是谁

给你带来最强自尊感的工作便是你应该多做的工作。

（1）_____

（2）_____

（3）_____

10. 如果你被迫长期休假，并且有钱去做任何自己想做的事，你会去哪里，会做什么事情？

（1）_____

（2）_____

（3）_____

这个问题的答案意味着未来你应该多做这些事情。

11. 在你的个人生活或工作生涯中，最糟糕的三次经历是什么？

（1）_____

（2）_____

（3）_____

这个问题的答案是你最紧张、最沮丧的经历，也是你在时间、金钱和自尊方面遭受重大损失的经历。可这三次负面的经历也有可能是你一生中最值得经历和学习的机会。

12. 你犯过的最大的三个错误是什么？

（1）_____

（2）_____

（3）_____

这些错误几乎全都是由于恐惧或无知而做出的或没有做出的决定。如果你不小心的话，这些错误往往将会成为你人生遗憾的主要源泉，这些遗憾会阻碍你将来从事或尝试新事物。

13. 你所得到的每一个教训似乎总是伴随着某种痛苦——身体上的、精神上的、情感上的或金钱上的。世界上成功的人都有一个特点：他们会在每一个问题或困难里找寻可以吸取的教训。有时，这些教训会成为你日后生活中取得更大成功的垫脚石。在你的生活或职业生涯中，最重要的三个教训是什么？

（1）_____

（2）_____

（3）_____

第二章 你是谁

14. 此时此刻,你最担忧或最关心的三件事是什么?

(1)_____

(2)_____

(3)_____

对于这个问题,你的答案越清晰,便越有能力采取行动解决这些忧虑或问题。许多人感到不快乐,觉得不安全,心烦意乱,是因为他们不清楚自己的生活状况,这让他们倍感压力或沮丧。

15. 你最欣赏的三个人是谁?

(1)_____

(2)_____

(3)_____

如果一个人具有你最渴望的、最希望自己拥有的价值观、品德和品质,你很容易欣赏他,甚至爱上他。这个问题的答案通常更能展现你内心最深处希望自己培养的价值观和品质。

16. 你最在意的三个(或以上的)人是谁?

(1)_____

（2）_____

（3）_____

这个问题的答案会帮助你将注意力集中在真正对你重要的人身上，即你生命中的关键人物。在你的一生中，尤其是过渡期，你常常会把他们当作理所当然的存在。结果，你没有关注他们，没有向他们倾注爱与尊敬，也没有对他们以礼相待。他们是谁？

17. 你最欣赏他人身上的哪些品质？

（1）_____

（2）_____

（3）_____

你最欣赏的他人身上的品质通常就是你最渴望自己拥有的品质。你对这些品质了解得越清楚，便越容易在必要时展现这些品质。

18. 你不在场时，有人向他人介绍你，你希望他会用哪三个词形容你？

（1）_____

（2）_____

第二章 你是谁

（3）_____

这是另一个关于价值观的问题。优秀的人都很在意自己在别人心中的形象。因此，他们会有意识地监督自己的言行，以确保自己在别人心中的形象与自己心中所愿一致。你越清楚地认识到自己的个人形象，就越能培养塑造更完美的个性。

恭喜！大多数人一生中永远都不会提出或回答这些问题。你的答案会帮助你更好地、更有建设性地思考过去与现在，会帮助你展望未来，第三章我们会专门阐述这一点。

历史学家乔治·桑塔亚那（George Santayana）[1]曾写道："不从历史吸取教训的人注定要重蹈覆辙。"深入地审视自己，让自己成为一个更有思想、更明智的人，你便可以在人生中以积极的、建设性的方式重塑自己。

---

[1] 乔治·桑塔亚那（1863—1952）：哲学家、文学家，批判实在主义和自然主义的主要代表。——译者注

实践练习

1. 回顾你生命中最快乐的时刻是哪些?
2. 你在闲暇时最喜欢做什么事情?
3. 你会给自己的孩子或想在你的领域获得成功的亲密朋友提供什么建议?
4. 什么是你最优秀的能力或技能?什么是你真正擅长的?
5. 你最希望自己拥有的一种品质是什么?
6. 你学到的最重要的业务教训是什么?
7. 你学到的最重要的个人教训是什么?

第三章
你想要什么

若不清楚自己要去往何处,便只能随波逐流。

——尤吉·贝拉(Yogi Berra)

我20岁开始闯荡世界。因为高中没有毕业,也不具有在市场站得住脚的技能,所以我能干的唯有苦力活儿——在餐馆洗碗,在锯木厂和工厂做事,在农场和牧场生活,在工地上干活儿,等等。

我走南闯北,从西海岸转到东海岸,21岁的时候,在一艘挪威货轮上找了份工作,从而跨越北大西洋来到伦敦。从那里,我骑自行车穿过法国和西班牙来到直布罗陀,和两位朋友一起出钱买了辆路虎轿车,然后开车穿越撒哈拉沙漠,向南穿过非洲,

于 1965 年带着一身病痛，精疲力竭地到达南非的约翰内斯堡。

这次旅程之后，我开始提出这个问题："为什么有些人比其他人更成功？"这个问题以及我寻找答案的过程改变了我的人生。从那一刻起，我阅读每一本书、听音频节目、参加研讨会，都是关于成功的主题，让自己完全沉浸在这个主题里。此后我常常会发现：有些人比其他人更成功的主要原因是他们的思维方式不同、做出的决定不同、采取的行动不同，得到的结果自然不同。这一见解就此打开了我的眼界。

找到答案

当我进入销售领域，在挣扎多月之后，我问自己："为什么有些销售人员比其他销售人员更成功？"我开始向最优秀的销售人员取经，他们会很慷慨地向我传授经验。我按他们教我的去做，我的销售业绩提升了。很快，我的销售业绩好到让我晋升为销

第三章 你想要什么

售经理。

然后我又问自己："为什么有些销售经理比其他销售经理更成功？"我拜访所在领域的其他销售经理，向他们寻求建议，他们给了我一些建议。然后我按他们教我的去做，一年里，我招募并训练了 95 位销售人员，并让他们进入销售岗位。我从穷小子变成了富人。我的人生改变了。

追溯往事，我所发现的是因果定律。这个定律指的是一切皆有因。如果你很清楚自己想要的结果，就能沿着这个"果"追溯到某个人，此人曾经并不拥有你所想要的结果，但现在拥有了。如果你做他曾经做过的同样的事，很快就会得到同样的结果。

🌱 铁律

这个因果定律也被称为放之四海皆准的铁律。约在公元前 350 年，亚里士多德首先讲授了这个定律，那时候人们称之为"亚里士多德的因果论"。这

个原则后来成为西方文明的基本原则。

因果定律是科学方法的基础。在数学、医学、力学、航空学、经济学等领域，其他所有的定律和原则都遵循因果定律。

在《圣经》中，这个定律被称为"播种与收获定律"。《圣经》中说："种什么，便收什么。"换句话说，种瓜得瓜，种豆得豆。牛顿称之为"作用力与反作用力定律"，也就是说，每一个作用力都存在一个与之对等的反作用力。爱默生称之为"补偿法则"。他说："在你的生命中，无论你做什么，迟早都会得到等量的补偿。"

此定律对于你的意义很简单。如果你非常清楚自己想要什么，便能找到其他已经得到它的人。如果你做他们曾经做过的同样的事，一遍又一遍地做，那么最终也会得到同样的结果。

此定律的反向含义也很简单。如果你始终不做其他成功人士做过的事，那么也不会得到他们得到的结果。

第三章 你想要什么

🌱 思想的力量

无论在任何领域,如果你做其他成功人士做过的事,最终也会得到类似的结果。这个定律实际上没有限制,适用于一切领域。

这个定律是所有宗教、哲学、玄学、心理学和成功学等领域的基础原则之一,也许它最重要的应用在于"思想是因,境况是果。"

思想富于创造性。不管你心里是怎么想的,是积极的还是消极的,都会创造出一股能量动力,推着你向自己的目标前进,同时推着目标向你移动。

🌱 信仰法则

信仰法则是一条从属于因果定律的规律,它的意思是说:你的信仰会成为你的现实。

19世纪哈佛大学的心理学教授威廉·詹姆士(William James)说过:"信仰会创造真正的现实。"

如果你相信自己注定拥有精彩的人生，会健康幸福、丰衣足食，如果你秉持这个信仰的时间足够长、心智足够坚定，那么它最终就会成为现实。

信仰就像装在你头脑计算机里的程序。它们会带领你、指引你去做更多让信仰成真的事情，不去做那些阻碍你的事情。

那么你怎么会知道自己的真正信仰是什么呢？很简单，只要观察一下你的行为就可以了。能体现你真正信仰的，不是你说出的话，你的希望、希冀或心意，而是你每一刻所做的事情，尤其是当你身处压力之下的行为。

当你深受重创，遭受挫折、困难或遇到紧急情况时，你的行为会展现你真正的信仰。正如希腊哲学家爱比克泰德（Epictetus）曾经所写："环境无法造就人，只会让他了解自己"（同时也让别人了解他）。

第三章 你想要什么

🌱 期盼法则

期盼法则指的是：只要你满怀信心地期盼，不管是什么，期盼都会成为你自我实现的预言。换句话说，你内心深处的信仰造就你的期盼，让你的行为与期盼一致，一步步去实现期望。

如果你期盼自己成功、幸福、富足、受人喜欢，你的行为会与这些期盼一致，它们会成为你自我实现的预言。

只要在你的想法里、言语里，一切都会如你所愿，那么这样的思维方式和谈话方式正在宣告你的命运。对成功人士来说，不管身处什么环境，他们都会秉持"积极期盼"的态度。如此一来，他们无论做什么都更加积极、更加有效。他们会挣更多的钱，对自己的生活方式感到更快乐，比怀着消极态度和信仰的人更受欢迎。

🌱 吸引法则

吸引法则指的是：你是一块磁铁。在生活中，你会始终如一地吸引与自己思想协调的人、环境和资源，尤其是那些被激情魅力所吸引的思想，不管这些思想是积极的还是消极的。

当你在生活中遭遇突然的逆转或意料之外的转变时，一个很大的危险是你会非常轻易地用消极的方式来解释这个遭遇。当你这样做的时候，会相当无辜地在自己身边营造出一圈消极磁场，引来甚至更消极的人生遭遇。这就是俗语所说的祸不单行，雪上加霜。

这些定律和法则是许多历史伟人的思想基石。

🌱 关键点

这些定律法则的关键点是：你总想什么，就会成为什么。对大部分人来说，尤其是对那些思想消

第三章 你想要什么

极或挑剔的人来说，这非常令人惊讶。人们不愿意相信自己的思想态度在很大程度上是造成他们生活中大多数问题的原因。

值得庆幸的是，在这个世界上，你唯一能掌控的就是自己的思想。当你训练自己，将思想集中到自己想要的东西上，不去想自己不想要的东西，就能保持积极乐观的心态，全盘掌控自己的生活。当你向成功快乐的人询问他们习惯的思维方式时，会发现他们几乎一直在思考自己想要什么以及如何能得到它们。

替代定律指的是你可以用一种思想替代另一种思想。根据这个定律，当你想着自己想要的东西以及如何能得到它们时，即刻就会变得积极，注意力集中，所有消极的想法和情绪都会消失无踪。你的思想越清晰，就越能做出好的决定，采取越有效的行动，你会得到越好的结果。积极结果带来的成就感会让你的大脑释放出内啡肽。

你越积极，对自己的成就感到越快乐，就会释

放越多的内啡肽，这会让你更加快乐、更加积极。然后，这种状态会激发你去做更为积极、更有建设性的事情，从而取得更佳的结果。这个积极的过程会不断重复，所以人们会说一顺百顺。

展望未来

成功人士都是极度以未来为导向的人。他们大部分时间都在思考未来，思考自己要去哪里，而不是去想已经到过的地方，考虑自己想要什么以及如何能得到它们。

不管在什么领域，以未来为导向是领导者的标志。正如管理大师彼得·德鲁克（Peter Drucker）说过的："领导者的责任就是思考未来，他人无法代劳。"著名战略规划家迈克尔·卡米（Michael Kami）说："不考虑未来的人不可能有未来。"作家兼管理专家亚历克·麦肯齐（Alec Mackenzie）深以为然，所以他说："预测未来的最好方式就是创造

第三章 你想要什么

未来。"

想要以未来为导向,你可以做一种特殊的行为练习。这种特殊的行为被称为"理想化"练习。当你进行理想化练习时,要展望和想象一个十全十美的未来。对于自己想要怎样的生活,想成为怎样的人,你要创造出一个激动人心的幻象。

🌱 "五年幻象"

当我为公司制订战略规划时,第一件事就是让出席战略规划会议的高管们描述一下:如果公司是行业内最棒的,那么五年之后它会是什么样子。我会绕着会议室走一圈,请每一个人发表自己的意见,然后我把大家的想法写到活动挂图板上,并把挂图板放到墙上。我会引导每一位高管绞尽脑汁想出积极的词来描述公司的产品质量、客户服务、领导力、声誉、财务实力、增长率及其他方面,然后我邀请高管们重新审视这份清单。

我会提出许多问题。在这些描述中,哪些是因,哪些是果?什么是投入,什么是产出?我们需要完成什么事情之后才能去完成其他事情?然后我们按优先顺序把其中吸引人的事项列出来,从而形成对公司清晰的描绘,就像它在未来某一刻所具有的完美的样子。然后我向高管们提出一个关键问题:"这有可能吗?"

高管们频频点头说:"是的,这些完全有可能。可能用一年做不到,但如果我们全力投入去实现的话,那么五年之内绝对可以成功。"制订战略规划的会议通常需要两三天的时间。在接下来的会议中,我们对能够采取的必要步骤进行讨论,并达成共识。通过这些步骤,他们可以从当下开始创造该行业未来的理想企业。

"重返未来"思维法

你在自己的生活中也能做同样的练习。开始时,

第三章
你想要什么

你可以想象自己没有任何限制。想象有那么一刻你得到自己需要的一切：时间、金钱、教育、经验、朋友、关系，应有尽有，你可以凭借这些资源在你生命中最重要的领域去做你最想做的任何事。

要创造"五年幻象"，可以练习"重返未来"思维法。展望五年之后的自己，想象那个时候你的生活十全十美。那么你的生活会是什么样子？你在做什么？有什么事情是你不再做的？你为自己和家庭创造出了什么？如果你的生活十全十美，会与今天有何不同？

从你脑海中的未来回顾至今天你所处的位置，想象一下要从今天的位置走向理想的未来，需要走过哪些步骤。尤其重要的是，你要决定第一步应该怎么走。然后，鼓起勇气，满怀信心，朝着梦想的方向大步向前。有勇气且愿意迈出第一步常常就是你人生中的转折点。

人生七大重要领域

人的一生中有七个重要领域。想象你有一根魔法棒,能令你的人生各个方面都完美无瑕。它会是什么样子?

事业与职业

如果从今天开始,五年之后,你的事业、职业、公司变得完美无瑕,它们会是什么样子?它们会与今天有何不同?你会挣多少钱?你在做什么?你会与谁一起共事?你会拥有什么样的权力和责任?你会怎样花自己的时间?如果你的工作完美无瑕,它会是什么样子?

(1)_____

(2)_____

(3)_____

家庭与人际关系

如果你的家庭生活十全十美,它会是什么样子?它会与今天有何不同?你会选择什么样的生活方式?

第三章
你想要什么

你会生活在什么样的家里?你会为家庭做什么,会和家人一起做什么?你会选择什么样的度假方式?最重要的是,如果你的家庭生活各方面都很完美,你会如何看待你与生活中最重要的人的关系?

(1)_____

(2)_____

(3)_____

健康与身材

如果未来某个时刻你的身体处于完美状态,它会与今天有何不同?你的体重会是多少?你的身材会怎样?你的体力会处于什么水平?在饮食与锻炼方面,你会有何不同?为了在未来某个时刻自己能身体健康,拥有超级棒的身材,你会对自己今天的养生健身方法做出什么改变?

(1)_____

(2)_____

(3)_____

经济独立

如果经济独立,你会有多少银行存款?会进行多少投资?最重要的是,你每个月和每年会从这些积攒的银行存款和各项投资中自动获得多少收入?如果你想舒舒服服地靠收入退休,再也不用为钱发愁,需要多少钱?从今天开始,你需要采取哪些步骤来积攒这笔钱?

(1)_____

(2)_____

(3)_____

知识与技能

为了挣到你想要挣到的钱,从而享受你想要享受的生活,你还需要什么额外的知识和技能?要记住:帮助你抵达今天位置的一切无法助你再往前走。想要超越之前的自我,你必须学习和练习之前从未掌握过的技能。它们是什么呢?

(1)_____

(2)_____

第三章 你想要什么

（3）_____

融入社会与融入社区

如果你能挥舞魔法棒，你想在国家或社区做些什么事情？你会支持什么事业，会为哪些事业奋斗？你想要实现什么？

（1）_____
（2）_____
（3）_____

心智发展与内心平静

如果你的生活十全十美，你会如何利用你的时间去实现更高层次的内心成长和内心平静？想一想：在你的人生中，感到最快乐，内心最平静的那些时刻。你要做什么才能复制这些时刻，增加这些时刻的数量？

（1）_____
（2）_____
（3）_____

恭喜！大多数人一生中永远都不会提出或回答

这些问题。现在你也许比之前更加了解自己，更加清楚对你来说什么是真正重要的。

🌱 避开三大敌人

当你思考这些问题和答案时，会出现三个敌人，蓄意破坏你的希望和梦想。自古以来，此三者均为人类最难缠的敌人。

第一个敌人是舒适区。大多数人会很自然地认为当前的工作或生活方式很舒服，感到很满足，所以拒绝做出任何变化。可成长的法则就是变化，生命的法则是成长。如果你不从自己的舒适区走出来，就无法取得任何进步。要记住：对于你现在正在做的事情，你做得越多，从中得到的越多。

你必须不断地逼迫自己走出舒适区，进入非舒适区。想要改变或提升自己的人生，别无他法。在成功与进步的所有敌人中，最难缠的就是舒适区陷阱。

你必须面对的第二个敌人是"习得性无助"。由

第三章 你想要什么

于害怕失败或害怕失去，会触发习得性无助。在成年人的生活中，害怕失败是失败的主要原因，其表达方式是"我不能"。

每当你想到新的、不同的、有风险的、不确定的事物时，可能会马上想到各种各样关于"为什么它不可能"的理由。你可能会认为自己没有资源、没有能力，可能会觉得自己没钱、没关系，可能会想着它们浪费时间、金钱或感情，但害怕失败会让你裹足不前，会让你产生习得性无助的感觉。

通过制定目标，而后全心全意投入去实现目标，就能让你摆脱舒适区，克服自己对失败的恐惧和无助感。为成功制定目标和计划的能力才是真正最重要的成功技能。

第三个敌人是我们会很自然地选择阻力最小的道路，不断寻求快捷、容易和愉悦的方式去做事。沿着这条道路，你只会找到便捷的方法，挣到容易挣的钱。

任何有价值的事情都需要长时间的努力工作和

专注才能实现。你必须抵御阻力最小之路的诱惑,训练自己去做艰难的,但为实现目标必须要做的事情。

🌱 快速清单法

用最快的速度,30 秒或更短的时间,回答以下每一个问题并把答案写下来。

1. 此时此刻,你最重要的三个事业与职业目标是什么?

(1)_____

(2)_____

(3)_____

2. 此时此刻,你最重要的三个家庭与人际关系目标是什么?

(1)_____

(2)_____

(3)_____

3. 此时此刻,你最重要的三个健康与身材目标

第三章 你想要什么

是什么?

(1)_____

(2)_____

(3)_____

4.此时此刻,你最重要的三个财务目标是什么?

(1)_____

(2)_____

(3)_____

5.此时此刻,你最重要的三个教育或学习目标是什么?

(1)_____

(2)_____

(3)_____

6.此时此刻,你最重要的三个社会与群体目标是什么?

(1)_____

(2)_____

(3)_____

7. 此时此刻，你最重要的三个心智发展与内心平静目标是什么？

（1）_____

（2）_____

（3）_____

一旦你写下答案，就该坐下来，跟爱人或其他生命中重要的人分享这些答案。如果你已经结婚，可以让爱人独自回答这些问题，然后把你们的答案进行对比。你常常会对彼此的答案感到意外。

🌱 成功大招

1953年，研究人员进行了一项著名的研究，但这项研究常常招人驳斥。研究人员向一所名校的大四毕业生提出一个问题：你是否已写下自己的目标，并制订计划在离开校园之后去实现它？

研究结果发现只有3%的毕业生已写下目标并制订计划；14%的毕业生设定了目标但没有写下来；

第三章
你想要什么

其他83%的毕业生除了走出校门去过暑假，根本没有目标、没有计划。

二十年后，研究人员对当时参与此项研究的毕业生进行了跟踪调查，询问他们的经济状况以及其他一些情况。研究人员发现：毕业时清晰写下目标和计划的那3%的毕业生所拥有的资产比其他97%的毕业生所拥有的资产总和还要多。

目标、计划与收入

另一所名校也于1979年向自己商学院的毕业生展开调查，提出了同样的问题：当你离开母校的时候，是否为未来写下了目标和计划？

结果还是一致的：3%的毕业生已清晰写下目标和计划；14%的毕业生设定了目标但没写下来；其他83%的毕业生根本没有清晰的目标。

十年后，学校对这批毕业生进行了跟踪调查，想看看他们在过去十年干得怎么样。研究人员发现

拥有目标但没写下来的毕业生的平均收入是没有任何目标的那83%的毕业生的平均收入的2倍。不过让他们感到意外的是：他们发现那些带着清晰的目标和计划起航的学生的平均收入是其他97%的毕业生的收入总和的10倍。

驾车穿越美国

下面的例子可以说明目标的重要性。假设你有两位司机，每位开一辆崭新的奔驰车，同时出发，开往一个遥远的目的地。可其中一位司机出发得很仓促，没带路线图，还开上了没有路标的道路。

第二位司机先花时间规划路线，向他人询问关于前方道路的建议，从而对旅程进行仔细规划。他备足了食物、汽油和水。虽然他在出发前多花了一点时间，可当他启程时，已经做好了充足的准备。

这两位司机，哪个最有可能按计划抵达目的地？答案是显然的。第一个司机在路上一会儿往北，一

第三章 你想要什么

会儿往南,一会儿向东,一会儿向西,还常常兜圈,汽油耗尽,几乎毫无进展。第二个司机一路前行,按照路线图上的每一步,驶向明确的目的地。

人生也是这样的。一般而言,拥有清晰具体的目标和规划并每天为之奋斗的人所取得的成就是其他受过同等教育、拥有同等能力但却没有清晰的目标和计划的人的十倍。

设定目标便能简单易行

有个非常有效的目标设定公式,你可以用它来为自己设定任何目标。

第一步:明确你到底要什么,把它写下来,一定要具体。你的目标一定要特别清晰,清晰到连孩子都能读懂,并且能向另一个孩子解释清楚。

(1)_____

(2)_____

(3)_____

第二步：为实现目标设定最后期限。因为害怕失败，很多人会制定含混不清或不切实际的目标，还不向自己承诺截止时间。结果，他们没有参照指标或测量标准来衡量自己的进步，最终只能放弃。

（1）_____

（2）_____

（3）_____

第三步：确定在实现目标途中必须克服的障碍。找出目前阻碍你实现目标的制约因素。在导致你没有实现目标的所有原因中，80%是内在原因，是因你缺乏某些品质或能力所致，但在很大程度上这些品质和能力受制于你自己。在所有障碍或困难中，只有20%是外在原因，来自其他人。

（1）_____

（2）_____

（3）_____

第四步：确定为了实现目标所需要的额外知识

第三章 你想要什么

与技能。实际上,正是你现在所拥有的技能让你走到今天的位置。要再往前走,你要在某些领域提升自己,培养新的技能。

(1)＿＿＿＿＿＿＿＿＿＿＿＿＿＿＿＿＿＿＿

(2)＿＿＿＿＿＿＿＿＿＿＿＿＿＿＿＿＿＿＿

(3)＿＿＿＿＿＿＿＿＿＿＿＿＿＿＿＿＿＿＿

第五步:确定为了实现目标所需要合作的人、群体和组织,包括你的老板、客户、家人、朋友及经济来源。

(1)＿＿＿＿＿＿＿＿＿＿＿＿＿＿＿＿＿＿＿

(2)＿＿＿＿＿＿＿＿＿＿＿＿＿＿＿＿＿＿＿

(3)＿＿＿＿＿＿＿＿＿＿＿＿＿＿＿＿＿＿＿

第六步:根据你为前面的问题给出的答案制订一个计划。这个计划是按优先顺序采取的行动计划清单。按顺序排列的计划清单意味着你要决定必须先做什么事情,再做其他的事情。当你把清单按优先顺序排列出来时,就是明确清单上的哪些行动更重要,哪些没有那么重要。你首先应该做什么,什

么最重要？按优先顺序写下你的清单吧。

（1）_____

（2）_____

（3）_____

（4）_____

（5）_____

一旦你把清单列出来了，就拥有了成功的目标计划组合。带着目标与计划，你会取得非凡的成就，而且实现的速度远比你今天所想象的要快得多。

第七步：即刻按照计划采取行动。要满怀信心迈出步伐。一旦开始，无论境况如何，每天都要做一些向最重要目标前进的事情，你马上会采取的行动是什么？

（1）_____

（2）_____

（3）_____

第三章
你想要什么

🌱 设定目标练习

有个能改变人生设定目标的练习,即列出你下一年或某段时间里要实现的十个目标。把它们写下来,就好像你已经实现了它们。代表每个目标的句子都以"我"开头。跟在"我"字后面的是某个动词:"我挣到""我重""我实现""我开车"或"我得到"。

当你用"我加动词"来写下目标宣言,这个命令会激发你的潜意识和超意识,激发你的思想和能量,让你开始走向自己的目标,同时也让目标向你移动。

(1)_____
(2)_____
(3)_____
(4)_____
(5)_____
(6)_____

（7）_____

（8）_____

（9）_____

（10）_____

一旦你完成了目标清单，便重新审视这份清单，同时想象自己拥有一根魔法棒。想象如果自己渴望这些目标的时间足够长，心意足够坚定，那么迟早都会实现所有目标，不过你可以在 24 小时内实现一个目标。

哪个目标，如果你即刻实现它，会给生活带来最积极的影响？哪个目标会帮助你实现更多其他目标？哪个目标，如果你能即刻实现，会给你带来最大的幸福感和满足感？

不管你的答案是什么，把这个目标用笔圈起来。然后这个目标就成为你人生中的"主要明确目标"，你的生活与行动的核心组织原则，以及大部分时间里思考的目标。

第三章 你想要什么

🌱 采取行动

拿出一张白纸，写下这个目标。

设定一个截止期限用以衡量目标。

确定为了实现这个目标必须克服的障碍和困难。

确定你需要的知识与技能。

确定为了实现这个目标必须合作的人员、群体与组织。

把所有答案列出来，并把它们按优先顺序排列。

最后，即刻按计划采取行动。当你早上起床的时候，心里想着自己的目标。一整天都想着自己的目标。睡觉前，重新审视你走向目标的进程。

🌱 开启精神力量

随着你思考目标的时间越多，你会激发自己所有的精神力量。根据因果定律，思考目标是因，实现目标是果。

根据信仰法则，你越相信自己会实现某个目标，便会越努力去实现它，从而越快让它变成现实。根据期盼法则，你越期盼自己的目标在生活中成为现实，便会越努力让它成真。根据吸引法则，你怀着信心与热忱思考目标的时间越多，便会让自己的思想变得更有吸引力，像磁石般把为实现目标所需要的人和资源吸引到你的生命中来。

🌱 自我引导与个人力量

身处过渡期，当你正在进行自我重塑时，要为未来设定清晰的目标，然后每天为目标的实现而奋斗，这种能力会不断提升你的自信心、自尊心和自豪感。这会让你心中充满前进的动力和成就感，会让你觉得自己全身充满能量。

当你对自己的目标有了绝对清晰的认识并且每天为之奋斗，人生的各个方面都会在你的掌控之中。

第三章 你想要什么

> **实践练习**

1. 在工作、职业或事业中,你最想实现的目标是什么?

2. 在家庭和人际关系中,你最想实现的目标是什么?

3. 在健康和身材方面,你想实现什么目标?

4. 在经济方面,你想实现什么目标?

5. 你想要掌握哪个领域的知识或技能?

6. 你想为国家或社区作什么贡献?

7. 为了让内心更加平静,你会做什么?

第四章
你有什么价值

人的命运会随自身思想而改变;当习惯思维与内心渴望形成呼应时,我们便会成为心中所愿的人,做心中所愿之事。

——《成功》(Success)杂志创始人奥里森·斯威特·马登(Orison Swett Marden)

有时我会在研讨会中途停下来向听众提出一个问题:"谁是这个房间里最重要的人?"

听众常常以沉默应对。过了一会儿,有人会说:"是你"或"是我"或"是老板"。这时,我会对那个说"是我"的人表示认可,并且会用"你是对的"来肯定他的说法。然后我会对所有听众说:"你们每

第四章 你有什么价值

个人都是这个房间里最重要的人。你是你自己整个世界中最重要的人。你的整个世界都围绕着你一个人在转。"

心理学家告诉我们：你觉得自己有多重要，也就是说，你有多喜欢和尊敬自己，是决定人生品质的关键因素。你越喜欢和越尊敬自己，就会越喜欢和越尊敬别人，反过来，他们就会越喜欢和越尊敬你。

当你真正喜欢自己的时候，会为自己制订更大的目标，会更加坚定不移地去实现它。当你觉得自己有价值、很重要的时候，会在方方面面更好地照顾自己。你越喜欢自己，就会越自信，就愿意去冒更多的风险，尝试更多新鲜的事。

你是有价值的

作为个人，无论是事实上还是法律上，你都是极有价值、极其重要的。你对把你带到这个世界的父母来说很重要，你对爱人和孩子来说很重要，你

对朋友和社会来说很重要，你对客户和同事来说很重要。因为你是活生生的，你有内在价值、外在价值，有尊严、有傲骨，值得他人的尊重。

劳动是商品

但是，在工作环境中，情况完全不同。不管是哪一级别的员工，你都是一个劳动单元，是生产要素，是人类商品，可以被有效利用，可以被用来为公司和客户创造最大的利益、优势和利润。

每个人都认为自己的工作很特别，独一无二、与众不同，是自身个性的延伸，是人生必不可少的组成部分。可我们却把他人的工作、产品或服务当作商品，企图以尽可能好的条件获得。

作为生产者，你寻求以尽可能少的成本换取尽可能大的利润。然而，当你购物时，作为消费者，你总是寻求以尽可能低的价格获得尽可能高品质的商品。别人只会把你的工作及你所产生的价值当作

第四章 你有什么价值

是生产要素,想以比其他商品尽可能低的价格获得。

作为个人,你在私人事务中是个经济学家。这就意味着你会精打细算,尽力以最少的投入得到最大的产出。同时,你会努力以市场可支付的尽可能高的价格售出自己的服务。

🌱 工作的定义

任何一种工作都可以用具体的描述和数量来定义,它可以与他人的工作结合在一起,创造产品或服务,供追求最高质量和最低价格的顾客购买。

在市场经济中,员工的薪水与酬劳全都由顾客来买单。公司只是顾客和员工的中间人。不管在任何领域,员工的薪水与酬劳在商业运营的成本中占60%至80%。当公司的盈利下降时,若要生存下去,就必须把员工裁掉。如果你为政府机关或非营利组织工作,你的工作会与他人的工作结合在一起,取得既定的结果。

作为个人，你是无价的，你的个人生活与健康是无价的。可作为员工，甚至是公司的老板，你的价值只能由员工、客户和公司愿意为你的工作所付出的代价来决定。

❤ 最有价值的资产

你最有价值的资产是什么？每当我提出这个问题的时候，人们开始想的是他们的房子、车子或个人投资。

事实上，你一生都在培养的挣钱能力才是你拥有的最有价值的资产。由于环境变化，你可能会失去工作、房子、车子以及所有的存款。可只要你回到市场，付出你挣钱的能力，得到他人为此支付的代价，就能每年给自己的生活带来很多收入。

大多数人不把自己的挣钱能力当回事，让它以随机随意的方式演变发展。他们会接受教育，可在工作环境中教育没有太多价值，随后他们会得到第

第四章 你有什么价值

一份工作。他们听令行事,学习必要的技能,做好工作,让自己不被解聘。随后,其他人来了,向他们提供其他工作,他们还是以同样的方式接受工作。

许多人的职业生涯都是不经意间开始的。他们从这份工作换到那份工作,从这个岗位换到那个岗位,对别人所说的、所要的做出反应。因为他们不重视自己的工作能力,不把自己的工作成果当作特殊的资源,所以他们的职业生涯很大程度上取决于别人的决定。

个人战略规划

在公司战略规划中,公司重整架构,对资产、产品、服务、员工、资金进行重组,从而提升股本回报率。股本等于总资产减去总负债。股本回报率是管理质量和运营效率的关键衡量标准。

在个人战略规划中,你对工作的关注也是类似的,也要提升股本回报率。可在这个情况下,股本

回报率代表的是能力回报率。有时候我们会将它称为"人生回报率"。

就像公司努力去提升金融资本回报率一样,在整个职业生涯中,你的工作就是要提升自己投资在职业中的人类资本回报率——精神上的、情感上的、身体上的。你的工作就是让自己的挣钱能力最大化。

你自己公司的总裁

有时候,我会问听众:"这里有多少人自己是老板?"几秒之后,听众之中开始有人举起手。一般来说,会有10%至15%的听众举手,承认他们是老板。

然后我会说:"我们都是自己的老板。"

从接受第一份工作开始,直至退休,你都是自己的老板。无论你的工资是谁支付的,你都是为自己工作。你是这家"你"有限公司的总裁,这家公司只有一个员工:你自己。"你"公司在竞争市场中只销售一种产品:你的个人服务。

第四章 你有什么价值

你会犯下的最大错误就是认为你为别人工作，而不是为自己工作。一直以来，你都是自己的老板。

作为自己个人服务公司的总裁，你对自己的个人战略规划负有百分之百的责任。虽然这家公司只有一个员工，只有一种产品，但你仍然对公司的各项运转负责。你用来运营个人公司的技能和能力很大程度上决定你的职业生涯轨迹，决定你的人生质量，还决定你的挣钱能力。

❦ 为成功制订规划

战略规划流程分为六个组成部分，你可以用这个流程来管理自己的职业生涯。

1. 营销：在市场上，你负责为自己做营销，推销自己。你必须不断地提高自我推销的能力，以得到最好的工作，得到最高的薪水。常言道：所有的战略规划都是营销规划。

2. 生产：你负责按公司的要求生产最大数量、

重塑自我
REINVENTION

最重要、利润最丰厚的产品，提供最大数量、最重要、利润最丰厚的服务。你还对结果负责。一旦你非常成功地进行自我营销，获得理想的工作，职业生涯的整个未来便取决于你做好这份工作的能力。

3.质量控制：作为自己个人服务公司的总裁，你对自己工作的质量负全责，对不断提升质量水平负全责。高质量的工作会提升你的挣钱能力，低质量的工作会降低你的挣钱能力。

4.培训与发展：作为你自己个人服务公司的总裁，你对自身的培训与发展负全责，对提升你的员工——也就是你自己——的技巧与能力负全责。

你负责读书阅刊，从而帮助自己把工作做好。你负责听音频、看视频，从而提升自己的技能。你负责物色研讨会和课程，从而在你所在的领域中保持与时俱进，为未来学习新技能。

5.财务：你对流进自己个人服务公司的所有钱财负责任。你负责挣得收入，还负责花钱。

6.组织发展：你负责对你自己的个人公司不断

第四章 你有什么价值

重组、不断重构，从而以更优的质量和更有效的方式生产更多产品、提供更多服务。

根据一项研究，只有 3% 的员工会认为他们是自己的老板。不出所料，这些都是公司里最受尊敬的人。他们对待公司的方式就好像公司是属于他们的。他们对公司发生的一切都会做出自己的反应，不管是积极的反应还是消极的反应。他们会早到一点，工作努力一点，下班晚一点。由此，他们得到更多学习与进步的机会。公司会竭力去提升他们的挣钱能力，然后为他们提高的服务价值支付更多薪水。

战略思维的七个领域

作为自己个人服务公司的总裁，你对公司的七个战略思维领域负责。在每个领域中，你越深思熟虑，越行动有效，便会变得越有价值，收获越多的成就，拥有越高的挣钱能力。

1.专业：任何一家公司想要成功，必须专业。它必须在市场中脱颖而出，让客户认识到它是行业中最出色的公司之一。

公司可以专门生产某种特定的产品，或提供某种特定的服务，或专门为某个特定的客户群体提供商品或服务，或专门开发某类特定的市场。微软公司专门开发软件，沃尔玛公司专门提供实惠的商品，而便利店专门服务于周围的市场。

同理，为了让自己的挣钱能力最大化，你也必须专业。在你的人生中，你可能做过许多工作，可你必须专攻某份或某些对公司有价值或重要的工作。

2.差异性：若想在竞争市场上生存下去，每个公司、每种产品或每项服务必须具有竞争优势。它必须在重要的方面优于竞争对手提供的产品或服务。

因为你的唯一产品就是你自己，所以你也必须让自己具有差异性。你必须在某项对公司有重大价值的具体工作中表现卓越。你必须让自己兢兢业业，不管付出什么代价，工作多少小时，都要在某个价

第四章
你有什么价值

值高、待遇好的领域中成为最佳的能手。

有个现象让人惊讶不已：很多人工作许多年，一直表现平平，其实只要他们多做一点额外的工作，多掌握一些外加的技能，就能成为领域中最出色的人中的一员，比该领域中其他人挣更多的钱。

3.细分：在商业上，你要在自己所在的细分行业内找到最渴望你的产品或服务、最看重你的竞争优势的客户。不要尝试去把产品或服务售卖给每一个人。你要细分自己的市场，以便把自己的产品或服务售卖给最可能以最高的价格购买它们的客户。

作为个人，你也必须进行细分。有时候，某个公司会需要某人在此前工作中积累的特殊能力和经验，许多人因此改变自己的人生，改变自己的职业。

4.集中：在商业上，一个公司想要成功，就必须将有限的促销资源集中到那些最有可能购买你提供的产品或服务的客户身上，向他们进行营销和宣传。

作为个人，你也必须集中精力，专注那些只要表现出色便可为你自己和你的个人公司带来卓越成果的领域。

5. 定位：在商业上，一个公司必须能看透它希望吸引和留住的客户的想法和内心感受。如果你的某位客户向一位潜在客户描述你的公司时，他会用什么词呢？他们使用什么词会对你有所帮助？

你也必须考虑自己的个人定位。所谓定位，就是当人们想到你的时候，出现在他们脑海中的词。当你不在场时，你希望别人怎么描述你？你选出这些词，然后协调自己的行动去确保大家会用这些词来想你，这一切会对你的工作生活带来不可思议的影响。

6. 品牌：对公司来说，品牌指的是市场上人们对某件产品或某项服务的价值观感。关于品牌，最佳的定义是你许下并信守的承诺。譬如，人们认为奔驰意味着高品质的机械制造，联邦快递意味着第二天绝对会收到物品，苹果意味着优质创新。你的个人

第四章
你有什么价值

品牌是什么？当有人聘用你时，有人购买你的服务时，你会做出什么承诺？对公司，对客户，你会信守什么承诺？

7.创新：一个公司要在瞬息万变的经济环境中生存下去，就必须不断创新，在竞争对手之前，以更快的速度生产更佳、更便宜、更好用的产品，以更快的速度提供更佳、更便宜、更好用的服务。如果你没有做到不断创新，可竞争对手做到了，他们很快就会超过你。一旦你被竞争对手超越，便很难再赶上。

作为个人，你也必须不断提升自己提供的服务。你必须不断寻求更快、更好、更便宜、更便捷的方式，以同等或更低的价格向要求严苛的领导或客户提供质量更高、数量更多的服务。

在第一章中，我曾指出：最重要的工作是"思考"。这些关于个人战略规划和战略思维的概念，每一个都是你可以运用的工具，它们会让你以更有效的方式进行思考和规划，从而做出更佳的决定。

在某个领域内你可能比较弱，这个弱点会削弱你的挣钱能力，阻碍你充分发挥自己的潜能，无法在竞争的市场上成为优秀员工或挣钱能手。

个人战略规划的七个领域

你在这七个领域中有更清晰的认识，就能做出更佳的决定，你的工作就会变得更有价值。

价值观

你的价值观和商业价值观是什么？你支持什么，相信什么？不管受到什么诱惑，有哪些原则是你绝对不会妥协的？

_____

_____

_____

在每个我制订过战略规划的公司中，人们选择的第一个价值观都是"正直"。第二个价值观可能是产品服务的质量、优质的客户服务、关爱、盈利能

第四章 你有什么价值

力、创新、企业精神或其他。但"正直"总是放在第一位的。

愿景

基于价值观,你对自身和职业有什么愿景?如果你不受任何限制,那么几年之后,你认为的完美的工作或职业会是什么样子?

_____

_____

_____

使命

使命是关于你一生想要何种成就以及未来想要成为何种人的声明。使命总要包含测量的标准和履行使命的方法。

大多数的使命声明都含混不清、不切正题,没有清晰的焦点。哪怕最赤诚的人也不可能对这样的使命声明感到兴奋。一份出色的使命声明会让你觉得很清晰,会给你指引方向。它也会给出测量的标准,让你知道自己是否已经履行了使命。你的使命

是什么？

_____

_____

意图

意图指的是你所采取的行动的原因。你为什么早上要起床？你为什么如此努力工作？你始终要用"给别人生活带来的改变"来定义自己的意图。那么，你的意图是什么？

_____

_____

目标

一旦明确自己的价值观、愿景、使命和意图，接下来就是要设定清晰的、可测量的目标或参照基准，即作为个人，要取得成功，你必须实现的目标。你可以为个人收入、收入增长率、奖金、股权等设定目标，还要明确为了实现这些个人和财务目标，

第四章
你有什么价值

你必须取得的成果。你的目标是什么?

(1)个人收入_____

(2)收入增长率_____

(3)奖金_____

(4)投资金额_____

优先性

在你所创造的价值中,其中80%来自你做得最好的20%的行动,这就是"二八法则"。每一天,你都可以将"二八法则"运用到必须要做的所有事情上。始终专注于能为你自己和人生带来最大价值的几件日常事务。你最有价值的行动是什么?

_____

_____

_____

行动

根据你设定的目标,依据优先性,有些行动你每天都会做。行动与成功之间似乎存在直接关联。你尝试去做的事情越多,便越有可能成功。你每天

最重要的行动是什么？

_____

_____

_____

当你身处过渡期，尤其是失去工作后的那段时间，此时至关重要的是抽出时间，后退一步，评估自己的职业生涯。一定要抵挡走回老路的诱惑，不要找一份和上一份工作一样的工作。要记住：意外失业是你重塑自我的好机会，会让你更加清楚地认识到在生活中到底什么是真正重要的。

提升贡献

也许最能决定你挣钱能力的是贡献。

你获得的回报与你为他人提供服务的价值总是成正比的。你的收入与你为公司作出的贡献的价值也会成正比。在职业生涯中，你应该不断地提升技能，从而提供更高水平的服务，作出更高水平的

第四章
你有什么价值

贡献。

要提高挣钱能力,就必须提高你的贡献价值。你要不停地问自己:"今天我能做什么来提高为公司服务的价值?"你必须不断地、千方百计地让自己的付出超过自己的所得。最终,你的目标是"免费"为公司作贡献。要做到"免费",就必须为公司贡献很多价值,哪怕公司已经给你支付了可观的薪水,但你贡献的价值也会远远超过支付给你的薪水。

那么在接下来的数月和数年里,你能让自己变得多有价值,这是没有限度的。不过,这在你的掌控之中。你要对此负责,因为你是自己个人服务公司的总裁。这全靠你自己。

▷ 实践练习

1. 你所做的最有价值的事,即你拥有的最有价值的技能,是什么?

2. 你的竞争优势是什么?

3. 如果你知道自己不会失败,你最想做的事是

什么？

4. 如果你拥有 2000 万美元的净资产，又刚刚知道自己只剩下 10 年的寿命，那么你会对自己的生活做出什么改变？

5. 你在生活中总想去做但却害怕去尝试的事情是什么？

6. 如果一切十全十美，那么你对自身和自己的生活有什么愿景？

7. 你希望自己离世后人们如何评价你？

第五章
如何得到心仪的工作

生命的最终目的是成为自己，成为能够成为的自己。

——罗伯特·路易斯·斯蒂文森（Robert Louis Stevenson）

现在是人类历史上最伟大的时代。有才能的人在经济领域中得到的机会和可能性从未像今天这么多。

今天，能真正阻碍公司成功的因素是吸引并留住像你这样的优秀人才的能力。相较于以往任何时候，今天有更多的人因工作出色获得高薪，从而在经济上取得成功。你要做的是全身心投入新经济中，充分发挥自己的全部潜能，得到并留住优秀的工作，在职业生涯中步步高升。

在这一章中，我会跟你分享一些想法、策略、方法和技巧，帮助你找到一份好工作。对这些思想和方法加以运用，你便可以让自己的职业生涯走上快速通道。

掌控自己的职业生涯

这是职业成功的起点，或许也是最重要的一点。大多数人进入就业市场，参加面试，然后接受提供给他们的工作。可你不能这样做。你的目标是从这一刻起完全掌控自己的职业生涯。

随着职场的快速变化，一般来说，今天每个进入职场的人在未来两年或更长的时间里会经历 11 份全职工作，在整个职业生涯中会历经 4 到 5 个不同的行业。为了经受得住此类重大职业变换，你必须主动应对，而不是被动应付。你必须引导自己进入未来可以带来最高报酬和最大机遇的行业里工作。

引导自己去寻找工作，你就能掌控自己的职业

第五章 如何得到心仪的工作

生涯和人生。这就好比让你来掌控方向盘,让你来描绘自己的命运。如此这般,你便可产生掌控感,心中生出积极的态度。

把自己当成公司的总裁

正如我说过的,掌控自己职业生涯的起点就是把自己当成公司的总裁,这是一家只有你自己一个员工的公司。你还要把自己看作一种能在竞争市场上销售的商品,即个人服务。你要把自己当作对生活及发生在自己身上的一切负百分之百责任的人。请记住:无论你的工资是谁支付的,你始终都是自己的老板。你会犯的最大错误就是认为你在为别人工作,而不是为自己工作。其实一直以来,你都是自己的老板。

你是自己个人服务公司的总裁。你每天、每周、每月进入市场,把自己公司的服务卖给出价最高者。作为自己个人服务公司的总裁,你要对自我营销负全责，负责以最吸引人的方式在市场上展示自己，负责提供尽可能最高质量、最大数量的服务；还要负责质量控制和出色完成委托给你的任何工作。

你还要负责研发，不断丰富学识、提升技能，使自己可以更好、更快地完成工作。你还要负责融资，负责安排财务，负责实现经济目标。再强调一遍，你是自己个人服务公司的总裁。

不仅在短期，而且在日后的职业生涯中，这种态度都是你得到心仪工作的起点。

❦ 仔细分析自己

在开始找工作之前，必须先坐下来，仔细审视自己。必须深入分析自己，弄清楚自己是谁，未来想去哪里。只有很好地了解自己，了解自己的渴望与抱负，才能开始去寻找心仪的工作。

分析自己，明确自己具有的最有市场价值的技能。把自己能做且市场上有人愿为之支付金钱的事

第五章 如何得到心仪的工作

情列出来。在参加首次面试前,你可以对自己提出以下问题并作出回答:

1.你具有哪些基本技能?你能做什么?通过接受教育或积累经验,你学会哪些可以为公司作出贡献并受到公司重视的技能,并且公司愿意为之买单?

(1)_____

(2)_____

(3)_____

2.过去从事的各种工作中,你特别擅长做什么?目前为止,在你的职业生涯中,哪些工作对你的成功贡献最大?

(1)_____

(2)_____

(3)_____

3.工作和生活中,你最喜欢哪些活动?做自己最喜欢的事,总会取得最大的成功。

(1)_____

(2)_____

（3）_____

4.哪些工作你做起来最容易，做得最好？过去做得好的事情往往预示着你未来最擅长的事。

（1）_____
（2）_____
（3）_____

医学上有句话："准确的诊断相当于治愈了一半。"不管身处何境，正确的自我分析——花时间坐下来，认真思索以上问题的答案——相当于在找寻理想职位的道路上走了一半的路程。

令人高兴的是，最令自己快乐的事，你总是做得最好。实际上，过去令你快乐、令你成功的情景正好显示出你真正的天赋与能力。你的目标就是找到一份工作，发挥自己的特长。

通过练习帮助自己明确自己到底要什么

对大多数人来说，只要有工作就会接受，他们

第五章
如何得到心仪的工作

让公司领导来决定自己职业生涯的方向。许多人从接受第一份工作开始,就从来没有真正思考过自己的职业生涯。许多年过去,他们所做的只是按别人的要求行事。可你不能这样。

整个职业生涯中,你可以通过做以下10个练习来确保自己正走在正确的道路上。

1. 描述自己的理想工作。请记住:你不可能击中看不到的目标。想象一下:在这个世界上,如果你无所不能,那么你的理想工作到底是什么?

(1)_____

(2)_____

(3)_____

2. 观察职场。只要你看上的工作就能得到,那是什么工作?

(1)_____

(2)_____

(3)_____

如果你真的看上一份喜欢的工作,那么就给正

在从事这项工作的人打电话,或去跟他面谈,向他咨询。在短短几分钟的交谈中人们提供给你的见解往往会令你惊讶不已。

3. 展望未来。3到5年之后,你想做什么工作?

(1)_____

(2)_____

(3)_____

人人都会站在新工作或新职业的起点,但你必须清楚自己未来要去哪里,要做什么。这能让你在选择工作时,第一时间做出更好的决定。

4. 如果你能在国内任何一个地方工作,考虑天气和地理的因素,你想在哪里工作?

(1)_____

(2)_____

(3)_____

许多人会在找到新工作前搬到他一直想要生活的地方。你是这样的吗?

第五章 如何得到心仪的工作

5.你想在什么规模或什么类型的公司工作?你想在小型公司、中型公司还是大型公司工作?你想在高科技公司还是低技术公司工作?你想在服务型公司还是制造型公司工作?尽可能详尽地描述你心中的理想公司。

(1)_____

(2)_____

(3)_____

6.你想与什么样的人共事?描述心中理想的老板。描述心中理想的同事。请记住:相较于其他因素,同事的质量与工作中的人际关系对你的幸福和成功会产生更大的影响。请用心选择老板和同事。你想与什么样的人共事?你愿意为什么样的人工作?

(1)_____

(2)_____

(3)_____

7.你的理想收入是多少?一年之后你想有多少收入?两年之后呢?五年之后呢?这非常重要。面

试过程中，面试官会问关于你的挣钱能力和收入上限的问题。当你选择公司或行业时，一定要确保这个公司或行业能让你在预想的时间内实现自己的收入目标。你的收入目标是什么？

（1）_____

（2）_____

（3）_____

8.还有谁正在从事你心仪的工作，或正在挣取你心仪的收入？他们做事的方式与你有何不同？你还需要学习他们所掌握的哪些能力与技巧？

（1）_____

（2）_____

（3）_____

9.你知道谁能帮助你给自己定位从而找到心仪的工作？谁能给你建议？谁能给你指出正确的方向？你应该向谁寻求帮助？请记住：每位成功人士都是在他人的帮助下取得成功的。

（1）_____

第五章 如何得到心仪的工作

(2)_____

(3)_____

10.你希望承担多大的责任？在职业生涯中你希望升到多高的职位？多高的职位会令你感到舒服？

(1)_____

(2)_____

(3)_____

最神奇的是：你越清晰了解自己到底想做什么事，想在哪里工作，想挣多少钱，便越容易让别人聘用你，并支付你想要的薪酬。在开始寻找下一份工作之前，思考这些问题，一个一个给出答案。

思考未来

3300多项研究结果表明，领导者的特征之一是他们拥有创造愿景的能力。只要你决定去创造愿景，就能培养这种能力。展望未来五年或十年，想象如果一切发展尽如人意，你的生活会是什么样子，如

此便能创造愿景。

以下练习可以帮助你培养"重返未来"思维法。想象一下：五年过去了，如果一切尽如人意，描绘一下你的职业会是什么样子的，把它写下来。为理想中的工作、公司和工作环境创造一个清晰的愿景。写下那时你应该有多少收入，自己正在做什么，和什么样的人一起共事，承担什么样的责任。

一旦你对理想的未来有了清晰的愿景，就要提出以下问题："从今天开始，我要怎么做才能让五年愿景成为现实？发生什么事情才能让五年愿景成为现实？"

领导者会为自己描绘一个清晰的理想画面，然后不断地寻求让理想成为现实的方法。当你为自己和未来建立清晰的愿景，要提出的唯一问题就是："怎样才能创造这个理想的未来？"失败可不在选择范围之列。

你怎样才能找到或创造可以充分发挥自己潜力的心仪工作？当你弄清楚自己及未来的愿景，便会

第五章 如何得到心仪的工作

惊讶于找到最适合自己的工作的可能性是如此之大。

为人生设定清晰的目标

设定清晰的目标是成功的"最重要技能"。成功是目标,其他一切都是成功的注释而已。当你对人生各个方面的目标有了绝对清晰的认识,实现这些目标的可能性便会提升数倍。

在第三章中我们已经介绍过设定目标的七步公式。一旦学会了这个公式,你的余生都可对之加以运用,就像下面的做法一样。

第一步,明确自己到底想要什么。大多数人从来不会这样做。要明确在职业、健康、经济状况、家庭和未来等方面自己到底想要什么。你不可能击中看不到的目标。

第二步,用清晰、具体的语言把目标写下来。只有3%的成年人拥有清晰的、成文的目标,他们的成就比其他所有人的成就加起来还要多。要谨记:

不成文的目标只是愿望或幻想，背后没有动力。

第三步，为目标设定截止期。如果目标很大，就设定分步截止期。在潜意识里，设定自己希望实现目标的具体日期。别让目标悬在空中，永远无法落地。

第四步，把你能想到的为实现目标能做的所有事情写下来。要一边思考一边写。当你产生新的想法，一定要写到清单上，直到清单完整。

第五步，把这份清单组合成计划。决定自己先做什么，后做什么。决定什么更重要，什么没有那么重要。一旦有了目标和计划，你就能轻易胜过那些漫无目的、糊里糊涂的人。

第六步，按计划采取行动。行动起来，做该做的事。立即将计划付诸实施。犹豫和拖延是许多伟大计划的绊脚石，会致其失败。

第七步，也是最后一步，每天做一些让自己朝最重要的目标前进的事情。你必须严于律己，每天让自己做些事——任何事——朝当下心中最向往的目标前进。

第五章 如何得到心仪的工作

🌱 十大目标练习

把未来十二个月里想要实现的十个职业目标写下来。你写下这十个目标后,把最重要的那个目标圈起来。

把最重要的那个目标转移到另一张纸上。把它写下来,设截止期。把你能想到的为实现这个目标必须要做的所有事情列出来。随后把这张清单组合成计划,然后按计划采取行动,之后每天做些事情来实现这个目标。

这个设定目标练习几乎可以在一夜之间改变你的人生,它是我见过的最有效的方法。全世界成千上万的人告诉过我,由于这个公式,他们的人生与职业生涯完全改变了,有时候这一切就发生在几天之内。你自己试试看。

🌱 了解就业市场

工作和就业的某些原则基本上都是人生常识,

其中有些是实践中的原则，有些是经济上的原则。只要你靠工作谋生，就必须考虑这些原则。

职业生涯的第一个常识就是：你在人生中得到的回报，不管是有形的还是无形的，始终取决于你为他人服务所产生的价值。你的收入由以下三个因素决定：你做了什么事；你做得有多好；要用别人来替代你有多难。要确保自己获得更高的收入，你只能做重要的事情，做符合市场需求的事情，做让自己难以被替代的事情。

职业生涯的第二个常识是：不管做什么，你所付出的劳动都是市场商品，是生产要素。你所付出的努力可以计算为一定数量的劳动，这份劳动可用来生产一定数量的产品或提供一定数量的服务。所有劳动，包括你自己的劳动，必受制于供求的经济规律。

技能会过时

由于技术、经济情况或市场消费者偏好的变化，

第五章
如何得到心仪的工作

某项技能会在一夜之间过时。由于市场、公司或工作要求的迅速变化，一个拥有全职工作、一天工作12小时的人，过了一个周末可能会发现自己丢了工作。

关键在于：每个人都靠薪水而活！人人都会从公司销售收入和利润中获得一定百分比的佣金。不管你在公司处于哪个职位，你的薪水都是来自公司得到的收入。公司没有收入，你就没有薪水。因此，与其说你的工作取决于你所拥有的背景、学识、技巧或技能，还不如说取决于人们的需求。

你必须不断地调整自己所提供的一切，如天赋、能力、工作和努力，让这一切符合当前经济的需要。想要在就业市场上驰骋，必须懂得这一点。

🌱 万能聘用法则

这是一个能让你完全掌控职业生涯的伟大法则。简单地说，所谓万能聘用法则，指的是只要你能找到机会让自己为公司增加的收入或降低的成本大于

公司聘用你的成本。如此说来，实际上你有能力创造自己的工作。

根据经济规律，只要每个员工为公司创造的价值超过公司为其支付的工资成本，公司就会继续聘用他们。也就是说，只要你想办法让自己创造的价值超过你的薪酬成本，你就会发现周围都是心仪的工作。在日后的职业生涯中，你获得的薪酬将取决于你对公司的经济影响。

也许帕累托法则是最重要的时间管理原则。此法则以意大利经济学家维尔弗雷多·帕累托（Vilfredo Pareto）命名，它是帕累托1895年提出的。此法则可以运用到你为公司做的或能做的事情上。这个法则指的是你的20%的行动所创造的价值占所有行动创造的价值总和的80%。实际上，了解自己能为公司做的最有价值和最重要的事，是决定你能多快得到心仪的工作，拿到多少薪水，多快得到晋升的关键因素。

第五章 如何得到心仪的工作

你的最佳用途

你拥有许多不同的天赋和能力。你要做的是仔细思考，确定一些你能做的事，对公司来说，这些事代表了你的时间得到了最佳利用。有时，你拥有出色完成某项任务的能力会使你成为组织中最有价值、薪酬最高的人之一。

所以，每当你参加招聘面试，或考虑换不同的工作时，必须不断对工作进行分析，分析其中最关键、最有价值、你能做得非常好的地方。你应该每天提出这个最重要的问题："我怎样才能为这个特定的工作或岗位增加更多价值？"

当得到一份工作，甚至是在得到工作之前，你应该找出自己最高增值任务。你越能让未来领导清楚你的潜在贡献，便能让他越快聘用你，让你进入工作岗位。万能聘用法则同时也是一条让你在职业生涯中获得成功的普遍法则。

🌱 有的放矢

不管经济状况如何，就业市场上都有很多工作机会。哪怕在高失业率时期，通常也有 90% 的人有工作，拿着不错的薪水。如果认真找工作，想要留住工作，大多数人都可以做到。就业市场没有限制，你身边就有成千上万项工作需要人去做。

每家公司，不管大小，都是一个独立的就业市场。在美国，平均每百万人就会有约 5 万家公司。有些公司很庞大，有成千上万个员工。不过大多都是小公司。

此外，每家公司里的每个部门也是一个自成一体的就业市场。每个部门就像一个小公司，有收入和支出，有必须要完成的任务和尽到的责任。每个部门都会聘用不同类型的员工，安排到不同的岗位中，利用他们的劳动，帮助他们进步、升职，但有时也会解聘他们。

第五章 如何得到心仪的工作

🌱 多重就业市场

每家公司的每个部门中,有权力聘用他人的员工也可形成一个就业市场。这些人有具体的需求和要求,有尚未解决的问题和尚未满足的需求。

也就是说,工作机会有很多,你要做的是找到合适你的那个岗位。你可以通过阅读报纸杂志上的招聘信息,浏览招聘网页,与招聘机构和招聘高管交谈等方式找工作。

🌱 有效利用时间

开始找新工作时,你可以有效地利用时间。你可以把找工作这件事当成一份全职工作,一份每周需要花四五十个小时的工作,一份需要从早到晚做的工作。你越积极主动,就能见到越多的人,得到越多的信息,遇到越多的机会,便越有可能得到一份远好于那些坐在家里等别人上门或偶尔参加工作

面试的人的工作。

每天早上起床先做好一天的计划,把自己要做的事按优先顺序列出来,然后先做最重要的。按计划去做,挑战自己,尽可能迅速地完成计划。

🌱 保持工作的状态

就像自己已经找到工作了那样,每天早起、换衣,吃一份简单但高能量的早餐。然后开始找工作。

起床、换衣,整齐的衣着会提升自信,让你仪态更得体,而且还会让别人对你产生好感,不管是与你亲近的人还是外人。

🌱 做好功课

找工作时你就像是专业的销售人员,每天都在推销自己。

第五章
如何得到心仪的工作

成功销售的三大关键是：展望、展示和追踪。你要做的是全面展望，收集尽可能多的招聘信息。然后，尽可能多地参加面试，展示自己。最后，对最佳的机会进行追踪，直到自己得到那份工作。

想在销售时取得成功，关键要"做好功课"。在面试前，你要多了解对方。如果你对目标公司、目标行业了解的很多，会给对方留下深刻的印象。这会帮助你们建立信任，会让你拥有优势。

未雨绸缪是专业人员的标志。有个情况真让我瞠目结舌，那么多向我的公司提交职位申请的人却都不知道我的公司是干什么的。不知为何，他们认为自己非常善于交流，可以掩饰自己没有为面试做准备的事实。切记不要让这种情况发生在你的身上。

把自己放到招聘者的位置上。仔细考虑他需要了解的内容，才可能让他给你提供心仪的工作。你准备得越好，就会给人留下越深刻的印象，就会越容易被聘用。

多找工作

在你所处的就业市场上，85%的工作机会不会被广而告之。这就是所谓的"隐形就业市场"。这个市场的信息不会贴在任何一个员工公告栏里，不会出现在报纸的公告栏里。这些信息是藏起来的，等着你去发现，就像埋在地下的宝藏。

对于今天的隐形就业市场来说，其最重要的组成部分也许就是互联网。尽管数年前，互联网上还什么都没有，可现如今，互联网上有很多招聘信息。你不仅应该定期浏览招聘网站，而且应该确保自己的资历信息和兴趣信息出现在每一个招聘网站上，正在寻找像你这样的员工的招聘者有可能访问这些网站。

此外，有些社区每年都会举办招聘会。报纸上会刊登招聘会的广告，你要参加这些招聘会，跟入驻招聘会的面试官交流，了解他们想要什么样的员工。即使你现在有工作，也应该未雨绸缪。

第五章 如何得到心仪的工作

🌱 找到关键人物

一定要在各种不同的公司和部门打听关键人物的名字，尤其是要打听谁近期升职了。刚升职的人往往会马上更换人员，如此便会为上门找工作的人提供机会。

寻找正在宣布进行业务拓展或利润正在提升的公司，这种积极主动、正在成长的公司总是在寻求更多好员工，会提供很多机会，支付可观的薪水。所以你要寻找新产品的发布信息，新服务的介绍信息。只要公司在拓展产品服务，就会产生新的工作内容，包括销售、分发、服务、安装产品，处理与新产品服务相关的行政事务等。这些就代表着新的工作机会。

当你看到一个公司在扩展，高管在升职，就要立马给这个公司打电话，告诉接电话的人你正在这个行业里找工作，你对公司很感兴趣。请前台工作人员把你的话转给新高管，安排你去面试。

找工作的三个基本因素

要找到心仪工作,挣到心仪薪水,有三个基本因素。在你的职业生涯中,这些因素会一直发挥作用。这三个因素是:关系、可信度和胜任力。

1.关系:你的关系越多,就越可能找到心仪的工作。你认识和认识你的人越多,就越有可能找到那85%没有公开的工作。

这就是不断建立关系网的原因。请别人为你推荐,也可以告诉亲朋好友以及与你有关系的人你正在找工作。让他们知道你正在找工作。你的关系网比什么都重要。

在隐藏的就业市场上,绝大部分的工作之所以能找到人就是因为关系。你只要告诉大家你正在找工作,需要他们的帮助和建议,就能扩展自己的关系网。

2.可信度:可信度是你的声誉和个性结合的产物。要想让你认识的人为你做出推荐,可信度是你重要的品质。

一定要保证你所做的一切都是诚实的,符合最高的伦理标准。一定要保证除了出色行为之外,你不会说出或做出任何令人误解的事情。人们只有完全有信心,自己不会因你的所作所为而看起来很傻,他们才会推荐你。

3.胜任力:如何评价你在新岗位上的表现主要取决于你的胜任力。

在决定职业成功方面,胜任力水平是一个重要的因素。在职业生涯中你必须不断努力,提升自己的胜任力和技能。

最需要的五个品质

每个领导都遇到过优秀员工和能力不足的员工。因此,他们很清楚自己想要什么,不想要什么。以下五个品质是他们最想要的。

第一个品质是智力。多项研究证明:在员工的

工作效率和对公司作出的贡献中，有76%取决于智力。对员工来说，智力指的是做计划、组织、决定优先事项、解决问题及完成工作的能力。

智力还指你拥有一定水平的常识或实践能力去处理日常的工作。要展示自己的智力，就需要提出好的问题。你提出的好问题越多，听到的答案就会越多，就会变得越聪明。

第二个品质是领导力。领导力是指愿意并渴望为结果承担责任。它是一种负责的能力，自愿完成任务的能力，为完成任务而承担责任的能力。

领导者的标志是不找借口。要在公司展示自己有成为领导者的能力，就要站出来，全心投入，负责实现公司的目标。

第三个品质是诚实正直。要想在生活和工作中长期取得成功，诚实正直可能是最重要的品质。要诚实正直，首先要对自己真诚。这就意味着你要对自己绝对诚实，在你与别人的关系中绝对诚实。你愿意承认自己的优缺点，愿意承认自己过去犯了错。

第五章 如何得到心仪的工作

尤其重要的是，你要表现忠诚，不说前领导的坏话。哪怕在前一份工作中，你是被解聘的，也不要说负面或批评的话。

第四个品质是受人喜爱。领导偏爱热情、友好、易相处、好合作的人。他想要的是能够加入团队的人。性格好的人，不管做什么，都会受欢迎，工作也更加高效。

团队合作是现代商业成功的关键。如果过去你曾作为团队成员开展工作，未来你也愿意作为团队成员开展工作，这种过往的体验和未来的意愿很吸引未来领导。

第五个品质是胜任力。胜任力对于你的成功极其重要。在职业生涯中，胜任力是最基本的品质。胜任力指的是完成工作的能力。进一步说，拥有胜任力是指你要有能力确定先做什么后做什么，能决定要做的最重要的事情是什么，区别哪些相关、哪些不相关，然后专心去做最重要的任务，直至工作完成。

最后要说的是，所有积极品质组合起来就是你的性格，对于是否能得到心仪的工作，性格所产生的影响最大。

写简历

简历是销售自己、推销自己的工具。就像公司为产品和服务制作手册和宣传资料一样，简历就是推销自己的工具。简历是展现自己能执行某些具体任务和提供某些具体服务的方式。作为宣传资料，简历必须有趣味性，能吸引人读下去，同时也要基于事实，积极向上。它要吸引读简历的人想要跟你面谈，想要更了解你，确认你或许能助他实现目标。

现实的情况通常是要投出许多简历才能得到一份工作。事实证明，极少有人仅因为一份简历而被聘用。简历就像名片一样。实际上，很多人被聘用的时候，招聘者甚至一开始都没看过他们的简历。

简历最理想的篇幅是一页纸，最多两页纸。因

第五章
如何得到心仪的工作

为工作繁忙,招聘者没时间去读长篇幅的简历。所以,简历一定要简洁,要切中要点。

🌱 两类简历

简历分两类:一类是按时间顺序写的简历,另一类是功能性的简历。

如果你的职业路径显示出持续的成长和发展,便可以按时间顺序来写简历。开始申请简单的工作岗位时,这类简历是最佳的选择,然后慢慢地提升到更复杂的工作。功能性的简历是将你的经历通过技能、职能或此前的成就进行组合。当你在一家公司待了很长时间,并在公司里执行过许多不同的任务,那么使用功能性的简历会对你有所帮助。

在功能性的简历里,需要阐明自己执行过的任务。在某个工作领域中,列出自己的成就。例如,若你刚入职一家公司,从较低职位奋斗到较高职位,可以在简历一开始便列出最高职位以及在这个职位

上的成就；然后再列出较低职位以及在该职位上的成就。

❦ 为面试做充分的准备

为了尽可能在每次面试中取得成功，你要做几件事情。这其中的每一件事情都会产生重要的影响，可以帮助你得到心仪的工作。

1. 准时。仔细研究面试的地址和交通的情况，让自己有足够的时间到面试地点。通常来说，招聘者不会聘用一个面试迟到的人。

2. 衣着得体。面试官对你的第一印象，95% 取决于你的衣着，因为第一印象几乎都是视觉产生的。你的着装要符合自己申请的工作。许多人之所以被聘用，不是其他原因，而是他们衣着得体。

3. 参加面试前，深呼吸几下，放松心情。深呼吸六七下，大脑会释放内啡肽，让自己感觉良好，内心平静。

4. 深呼吸之后，闭上眼睛，想象自己处于平静、自信、放松的状态。在脑海里描绘出这样一幅画面：你在面试中面带微笑，态度积极，完全掌控自己。

5. 当你见到面试官，面带笑容与他坚定地握手，然后看着他的眼睛说："您好！"要握住他的整个手掌，握手的姿态要坚定，但不具侵略性。

6. 向面试官提问。面试开始时，大部分的面试官会提出一些问题，想要更好地了解你。而你要反过来提出自己的问题，关于公司、行业，以及面试官心中理想的应聘者具有哪些特点等问题。

你提出的问题越多，就越能让自己集中精力找到面试官真正的需求，就越有可能让他觉得你就是能满足这些需求的那个人。

以冠军的姿态参加面试

面试是一次销售活动。找工作就是在做销售，你要把自己推销给别人。你能得到的岗位和薪酬可

用来衡量你推销自己的能力。

许多人不喜欢"销售"这个概念，他们不喜欢被人当作销售员。可不幸的是，这种态度会降低你的人生成就。实际上，想要把自己的想法或自身推销给别人的人都是销售员。唯一的问题是你是否擅长销售。

每一位老板都有尚未满足的需求，尚未解决的问题。对你来说，每一位老板都代表着一次机会。在很多情况下，老板会为能满足他们需求和解决他们问题的人提供工作岗位。

解决需求

面试你的时候，面试官在想："聘用你，有什么好处？"他会问："具体讲讲，你能为我们公司做什么？"最后，他还会想："我怎么能确定你说的是真的？"

在面试中，你的目的是表明自己能实现什么，

第五章 如何得到心仪的工作

能避免什么，能保持什么。为了达到这个目的，你要清楚对方期待你去实现什么、避免什么和保持什么。你的另一个目的是说服对方你能以低于聘用你的成本去满足他的需求，或改善他所面临的状况。你的计划越周全，准备越充分，便越能说服面试官你是这个岗位的理想人选。

信息性访谈

使用信息性访谈是找到好工作的关键。当你参加普通面试时，你是被提问的人。你坐在那里，面试官向你提问，想了解你的背景和能力。

但在信息性访谈中，你是面试官。你掌控这个面试。实际上是你提问面试官，而非他提问你。你可以提出各种难以回答的问题，包括关于公司业务和行业的问题，你无须担心自己是否会给面试官留下不好的印象。

实际上，很多在短时间内得到高薪好工作的人

都使用了信息性访谈。它是一种强有力的找工作工具，如果你将之付诸实践，它就会为你所用。

准备充分

你先列出心仪的公司，然后在它们中间圈定一家，收集这家公司以及面试官的信息。研究公司的网站，下载信息，做好笔记。你也可以给公司前台打电话，告诉前台人员你是潜在的客户，让对方给你提供一套完整的公司、产品和服务的宣传资料。

然后打电话，跟你想访谈的人约好时间。可以通过电话、留言、邮件或信函，告诉那个人你想访谈他，想知道在这个行业工作的一些想法。你可以说："我正在做这个行业的研究。我想换个职业，进入这个行业，正在跟多位业内人士谈，咨询一些关于如何做出最佳选择的信息和想法。"通常来说，这些人太忙没时间跟你谈或面试你，但是，他们真的会为正在寻求机会进入此行业的人提供建议。

第五章
如何得到心仪的工作

你要告诉对方:"我想花大约十分钟访谈您,问您一些具体的问题。"人们通常喜欢被访谈。假如你只占用他十分钟,大多数情况下,你会得到一个几天内的访谈约定。

现在你就是面试官了。在你去访谈前,列出大约七个与行业和公司有关的问题。访谈时,你首先感谢对方同意花时间做此次访谈,然后提出这些关于行业、公司和未来的问题,以及不同工作岗位上的人的未来愿景。访谈的过程中,一定要认真做笔记。十分钟到了,你要感谢对方,然后离开。大多数情况下,对方会邀请你多留一会儿。

在信息性访谈过程中,千万不要接受工作邀请或对工作邀请作出回应。若面试官问你是否在找工作,你可以这样回应:"不,现在没有。我还在做研究,还不能现在给您答复。"

访谈之后,回到家,给对方发一条感谢的短信。在信息性访谈的流程中,这是非常重要的一步,它给你以后进入这家公司工作提供了一个机会。

🌱 得到工作

你已完成了对公司和行业的研究,做完信息性访谈,见过了面试官,随后还表示了感谢。现在你已下定决心,要到哪里工作,为谁工作。此刻,你的销售活动要结束了。

你给面试官打电话,对他说:"我已经完成了对这个行业的研究,想向您展现一下我的发现。"当你与他碰面时,对他说:"在我研究的所有公司中,这是我想要工作的地方。"然后解释理由。随后把你对行业的发现阐述一遍,告诉他你为什么认为这是最好的公司,拥有美好的未来,还要解释你如何能帮助公司在未来取得更大的成功。

🌱 自己选择的力量

在工作面试中,有个最强大的方法,被称为"自己选择"。你真正想要这份工作,这是隐藏不住的事

第五章 如何得到心仪的工作

实。你的一举一动、一言一行会展现出你对这份工作的强烈渴望,这会给人留下深刻的印象,会对你得到心仪工作产生很大影响。

在你的销售活动结束前,要让面试官深信你就是最适合这份工作的人。描述你与这个岗位相关的经历,描述你能为公司做什么。向面试官"销售自己"时,千万别害怕表现得热情和自信。

面试过程中,你要积极直接,直言不讳。要微笑、点头,让对方明白你沉浸在你们的讨论中。要显示出你渴望得到这份工作,想在这家公司工作,想与这个人共事。尤其重要的是,你要告诉面试官你想要这份工作。对于面试官来说,可能没有任何语言会比以下这段话更令其印象深刻:"我很想要这份工作。如果您给我这个机会,我保证会表现得非常出色。您不会觉得遗憾。"有时候,这种深刻的印象足以让面试官聘用你,而不是聘用其他人。

面试官是感性的,情感是有感染力的。你对工作的热情会比你写过的所有简历更能影响他的决定。

要想成功说服面试官你就是那个对的人，相较于其他因素，这一点更能决定你是否会得到一份好工作，得到多少薪水。

🌱 商讨最佳薪酬

通过面试你成功让面试官相信应该聘用你来做这份工作，现在该协商薪酬了。这个时候，你的行动会对自己的收入、生活方式及未来产生重要的影响。你可以参考以下意见。

你应该知道自己想要挣多少钱。你应该已做过研究，跟其他人谈过，了解了这种岗位的薪酬范围。不要盲目行事，在根本不了解薪酬范围的情况下，就去和面试官谈薪酬。

不管面试官给你开出多少薪酬，永远不要在他第一次向你提供工作机会或开出薪酬时便接受下来。你可以跟面试官说你要考虑一段时间，即使你非常想要这份工作。有个"24小时规则"：在接受工作前，和面试官说你要考虑 24 个小时。如果你说了考虑的时间，当你做出最终决定时，会得到更好的工作和福利待遇。

决定薪资范围

当面试官向你开出薪资条件时，他的脑海里通常会有一个薪资范围。这个范围一般在这个岗位平均薪资上下浮动 20%。

面试官会千方百计以你能接受的最低可能薪资来聘用你。反过来，你要做的是努力争取面试官准备支付的最高薪资。也就是说，你要做的是提出面试官心中薪资范围的最高值。

以下就是你要做的。例如，当面试官向你开出月薪 2000 美元的条件，你就提出一个介于 2000 美元的 110% 至 130% 之间的数字，也就是所谓的区间。在这个例子中，如果面试官建议的薪资是 2000 美元，你应该说你觉得这个岗位的出色表现应该值

2200美元至2600美元。如此一来，你就把面试官心中可讨论的薪资区间提高了。

令人惊讶的是，面试官常常会把金额定在你提出的两个数字的中间，在这个例子中，就是2400美元。这就是他心中薪资的最高限，这个金额通常比他计划支付的薪资要高，但是，如果你用这种方式提出来的话，面试官常常会比较容易接受。

约定加薪的条件

有时，一开始你的薪资比较低。在这种情况下，你要立即询问如何才能加薪。一定要让面试官在你的聘用函中明确加薪条件。

如果你没法得到更高的薪资，便协商其他福利待遇。例如，你可以协商获批更长的假期，更多休息日和病假日。另外，你可以要求更多的额外待遇，如独立办公室、汽车等。

无论如何，不管你协商到怎样的薪资和福利待

第五章 如何得到心仪的工作

遇,一定要马上询问,如果你在三个月内表现出色,是否可以加薪。要想以后争取更高的薪资、更好的福利待遇,最好从接受工作那一刻就开始协商。

一定要花大量的时间思虑周全,讨论与工作相关的所有细节。确保自己明白所有的条件,并把双方约定的每一个条件写下来。

🌱 无限思考

和你所做的任何其他决定或所采取的行动一样,你关于职业生涯的思考会对生活产生同样重要的影响。你要变得极其擅长找寻创造性的工作,要反复回顾和练习这些想法,直到它们成为你的习惯。

你要记住:你是一个非常出色的人,会成功,会拥有精彩的职业生涯。找到心仪的工作既是艺术,也是科学。它是可以学习的技能,通过反复阅读本章的内容,把学到的内容付诸实践,就能培养这种技能。人生的成就永无止境——除非你给自己设定

了限制。

> **实践练习**

1. 你得到过的最好的，让你感到最快乐、最有成就感的工作是什么？

2. 这些最好的工作及其最好的地方有什么共同之处？

3. 如果有人向你保证，无论什么工作你都能得到并且都能做好，那么你想要什么样的工作？

4. 在各种各样的领导、同事和客户中，你最喜欢跟哪类人共事？

5. 五年之后，你希望自己的职业会变成什么样子，到那个时候要想取得成功，你还需要哪些额外的技能和知识？

6. 回答这些问题后，你应该做的第一件事情是什么？你在本章学到了什么？

第六章
如何超越他人

功成名就的方法是什么？据我看来，此方法有四个必不可缺的组成部分：选择自己热爱的职业，为其付出自己最大的努力，抓住机会和成为团队中的一员。

——美国钢铁公司（U.S. Steel）前董事长兼前首席执行官本杰明·费尔利斯（Benjamin F. Fairless）

在这一章中，你会学到一系列已被证实、简单有效的实用方法，助你更快地升职加薪，获得更高的权力以及承担更重要的责任。

这些方法和技巧为社会中高收入、成功人群所用。当你开始把这些方法运用到自己身上时，会让自己的人生和职业走上快速通道。在接下来的几年

里，你取得的进步将胜于普通人在 10 年或 20 年里所取得的进步。

你对职业的选择是你一生当中做的最重要的决定之一。令人惋惜的是，大部分人在工作中随波逐流，只要有人提供工作就接受，让别人来决定自己要做什么，在哪里做，如何做，会获得多少薪水。公司和老板就像家长的延伸。这种自然的惯性和动力，日复一日、年复一年带着大多数人在职场中前进。

🌱 升职加薪

可现在，你已经知道这并非你的目标。你的目标是得到一份自己真正喜欢的高薪工作，以换取你精神、情感及体力付出。令人高兴的是，不管你处于何种境地都不会深陷其中，因为你有自由的意志，可以做出自己的选择。凭着天赋和能力，你可做的事有很多，还有很多公司会更欣赏你，给你支付更高的薪水，让你晋升得更快。

第六章 如何超越他人

为自己工作

你会犯的一个最大错误是认为自己是为别人而工作。我们已经从终身就业的时代转变到终身处于可就业状态的时代。无论你的工资是谁支付的,你都是自己的老板,要对自己工作的每个细节和个人生活负责。从长期来看,你决定自己可以获得多少薪水,你决定发生在自己身上的一切。

对于最成功的那3%的美国人来说,不管他们在哪里工作,不管他们的工资是谁支付的,他们都认为自己是自己的老板。这种"自己是自己的老板"的态度让他们在公司中更有价值,由此,他们便可以升职加薪。

从现在开始,你要将自己视为目前就职公司的顾问或自由代理人,决心要去证明他们每天支付给你的薪水是合理的。

🌱 明确自己想要什么

在你的职业生涯中,明确自己想要什么或许是最重要的一点。花时间分析一下自己的天赋与能力。深入分析自己,确定什么是自己真正喜欢做的,什么样的活动会让你感兴趣,会吸引你的注意力,过去你最美好的体验是什么,最享受的时刻有哪些。

你的天赋注定你特别擅长某些事情,能出色执行某些任务。如果你全心投入,你会成为自己想成为的人,完成自己想完成的事。但你要先明确到底什么是自己想要的,然后全心全意投入进去,去实现这些目标。

🌱 运用零基思考法

有个很棒的思维工具特别适合你。以后,无论做什么,你都可以运用零基思考法。这种思考法要求你在目前为止做过的所有决定下面画一条线,然

第六章 如何超越他人

后问自己："今天，若从头再来，已知现在所知，那么现在所做的事情中，有没有我不会再去做的事？"

实际上，在瞬息万变的时代，对于这个问题，你总是至少有一个答案。若从头再来，已知现在所知，你正在做的事情里，总是至少有一件事你不会再做。

你怎样才能知道自己是否处于需要运用零基思考法的境地中呢？很简单，压力可以帮助你判断。当你长期感觉有压力、不开心、烦恼不满时，你就需要使用零基思考法了。

把零基思考法运用到你当前或最近的工作中。已知现在所知，就当前的工作条件，你还会不会接受这份工作？如果答案是"不会"，那么下一个问题是：我怎样才能摆脱这种境地，要多快才能摆脱这种境地，如何才能避免再次陷入这种境地？

审视生活的每个部分

你还可以运用零基思考法来审视生活的每个组

成部分。用它来审视你的人际关系：今天，若从头再来，已知现在所知，那么在你的人际关系中，包括个人关系和业务关系，有没有你不会再培养的关系？

今天，若已知现在所知，有没有哪项时间、金钱或情感上的投资，正在阻碍你前进？

零基思考法之所以如此重要，是因为在完全解决当前不满状况前，你无法前进，无法提升，无法创造可能属于你的灿烂未来。在确定自己想要什么的过程中，要想象自己可以获得任意一种工作，想象所有的工作和岗位都向你开放，想象会有一份真正喜欢的工作在等着你，你可以日复一日地去做它。伟大的成功有个秘诀，你先确定自己真正喜欢什么，然后找到一份能够满足自己一种爱好或多种爱好的工作。

幸福测试

有意思的是，在做一些令你快乐、让你满足的事情时，你会升职加薪。事实上，除非工作真的能

第六章
如何超越他人

令你快乐，否则，你很难培养出锲而不舍、热情奉献的精神，也就很难克服每一份工作必须历经的困难、挑战和挫折。

当你确定自己真的想要一份工作时，一定只考虑自己的利益，只聆听自己的心声。在开始考虑可能性之前，要先确定自己真正喜欢做什么工作。

我弟弟高中毕业之后的数年里，一直在打零工。突然有一天，他决定要成为一名景观设计师。接下来，他花了三年半的时间到一所技术学校学习景观设计，并且在周末和暑期与景观设计师一起工作。最终，他拿到了学位。

两年之后，他意识到景观设计不是他心中所期，他想要成为一名律师。他很清楚这就是自己终身的职业。他花了五年多的时间到夜校刻苦学习，下午和周末也努力学习，然后成功获得了法学学位。今天，他的工作很好，他正在做自己真正喜欢的工作，成就了自己灿烂的人生。

这个例子告诉我们，你可能必须付出许多努力，

经历许多错误的开始，才能找到自己理想的职业。可一切的开端都是你坐下来，思考自己真正想要什么，然后开始行动。

选择正确的行业和正确的公司

每一年，每一个经济周期中，都会有些行业在成长，在扩张，在吸纳数以万计的人。这些行业正在为想要更快超越他人的人提供机会。

可与此同时，其他一些行业会保持平稳，或正在衰退。这些行业会继续聘用新人来替代离职人，可技术的发展，改变了客户的偏好，几年之后，这些行业可能不再成长。你要做的是开始辨别哪些行业在高速成长，哪些行业成长缓慢。

相较于在成长缓慢或衰退的行业里工作五年或十年所取得的成就，你在高速成长的行业或快速成长的公司里工作两三年就能取得更大的进步，就可以得到更高的薪水，晋升到更高的职位。

第六章
如何超越他人

❤ 找出前 20% 最出色的公司

一旦你找到高速增长的行业，就要开始做功课。你要找出这个行业中增长最快的公司。你要记住：无论在什么行业，前 20% 最出色的公司会挣到行业内 80% 的收入和利润。这些公司有更高的领导力水平，更有利的市场地位，拥有更好的技术和更美好的未来。这些就是你要去工作的公司。

你要把自身和自己的技能当作宝贵资源，把市场当作对自己的精神、情感和体力进行投资从而获得最高回报的地方。当你决定进入某个行业、某家公司工作时，一定要只考虑自己的利益。

在最近的一次研讨会中，有位女士走上前来，问我她要怎样做才能在当前的工作中升职加薪。我问她是做什么工作的。她告诉我她在一家制造公司工作。这家公司面临来自日本的公司的激烈竞争，日本公司以更低的价格提供同样质量或质量更佳的类似产品。结果，这家公司在过去十年都没有成长。

我告诉她，衰退的公司或行业是没有未来的。如果她真的想在事业和人生中超越他人，就应该投身到更具活力的行业中，加入成长更快的公司。

后来，她写信告诉我她采取了我的建议。与之前的收入相比，她现在的年薪高出了40%。不仅如此，她还晋升了两次，她的职业生涯终于走上了快速通道。

寻找声誉最佳的公司

据极具影响力的经济学者、哈佛商学院前院长西奥多·莱维特教授（Theodore Levitt）所言，一家公司所拥有的最宝贵资产是声誉。声誉是指客户如何看待这家公司。如果你有兴趣在某个特定行业工作，就要到处打听，找出哪个公司在质量、服务、创新和领导力方面拥有最佳的声誉。哪怕在你自己公司里，也可能有些部门正在成长和扩张，而其他一些部门没有成长或正在下滑。你的目标应该是将

第六章
如何超越他人

自己投入到美好的未来里。

石油亿万富豪保罗·盖蒂（Paul Getty）曾经写过一本关于成功的书，书名为《如何致富》(*How to Be Rich*)。在这本书中，他建议：找到一家心仪的公司，然后到这家公司去，接受任何提供给你的工作。先要把腿迈进门里，一旦你进了门，就会有机会去执行任务，有机会升职。这是一个好策略。

挑选对的老板

这是你做的最重要的决定之一。选择对的老板可以助力你的职业生涯，助你升职加薪。

你要把接受工作岗位等同于缔结商业婚姻，而老板等同于你的配偶。对于你会得到多少薪水，你会多喜欢自己的工作，你会多快晋升，以及工作生活的其他所有方面，你的老板将会产生很大影响。

你找工作的时候，应该认真访谈老板，确保他是你喜欢共事的那种人。他应该是你尊敬的人。他

必须是友善的，乐于助人的，你可以依赖的，他会帮助你在事业上尽可能快速地进步。

有个好办法可以了解你的老板：跟他的下属谈一谈。还要查一下他的背景，同时还要到处打听，看看能不能找到认识他的人，愿意对他做出诚恳评价的人。

最佳老板的品质

最佳的老板拥有一些共同的品质。首先，他们都非常诚实正直。当他们许下承诺，就一定会兑现。当他们说要做什么事情，就会一丝不苟地去做。当他们答应要检查你的工作或给你升职加薪，定会落实。

在给你分配任务时，最佳的老板还会把一切交代清楚。他们会跟你讨论，确保你完全了解他们期待你做什么，何时做，要以什么样的质量标准来完成。

最佳的老板都会体贴关心员工。他们不仅对你的工作感兴趣，也会对你的个人情况感兴趣。他们

第六章
如何超越他人

会想要了解你的个人生活,你的家庭,你的爱人和孩子。他们会想要了解你关心的事情,了解影响你对工作的想法和感受的事情。不过,好老板除了看到你的工作之外,还会把你当作一个活生生的、完整的人。

你和老板关系的好坏取决于你是否能自由地、坦诚地、公开地,并且直接地和老板谈论困扰你的事情。当你看到老板走过来时,觉得很开心、很舒服,而不是紧张或担忧。也许最好的衡量标准是:当你和好老板一起工作时,常常会发出笑声。你喜欢自己,觉得自己无论身为员工还是作为一个人,都很有价值、很重要。

客观审视自己的工作

审视当前的工作状况时,你必须经常使用零基思考法。若从头再来,已知现在所知,你还会接受这份工作吗?还会为这个老板工作吗?如果答案是

"不会"的话，那么你应该认真考虑该如何改变现状，找到自己喜欢和尊敬的老板。

我的一位朋友在一家中型公司工作，他的经理是个要求苛刻的人。他喜欢这家公司，喜欢公司所提供的产品和服务，喜欢自己的同事。但是经理让他很痛苦。于是他在公司里四处打听，挑选了一位完全不同的经理。然后想办法调离自己的部门，转进新部门，在更好的经理手下工作。这个决定完全改变了他的职业生涯。他的能力得到了充分的利用，收入提高了，晋升更快了，几年之后，自己也成了经理。

培养积极的态度

不管你有多聪明，多能干，工作中85%的成功都取决于你的处事态度和性格。你是否能成功、得到多少薪水、晋升得多快，很大程度取决于大家有多喜欢你，多想帮助你。

第六章 如何超越他人

著名心理学家丹尼尔·戈尔曼（Daniel Goleman）博士曾经写过几本关于情商的书。他的结论是：从决定事业成功程度角度来看，情商比智商重要得多。你只需想一下，积极乐观、快乐的人总比消极悲观、吹毛求疵的人更让人喜欢，更受人重视。积极的人会第一个被录用，最后一个被解聘。

具有团队精神

要在职业生涯中取得成功，最重要的决定性因素之一是你在团队中的表现。团队中表现最出色的成员都是积极乐观和乐于助人的人。他们会对他人关爱体贴，具有强大的同理心。其他人愿意围在他们身边，愿意去帮助他们。

研究发现：积极乐观的人更有可能升职加薪。这种人更容易被领导注意到，进而让他们的事业快速提升。此外，积极的人会得到同事的支持。似乎有种向上的力量推着积极的人以更快的速度提升。

要拥有积极的处事态度，决定性因素是你在压力下如何行事。一切顺遂时，每个人都会秉持积极的处事态度。但是，面对艰难险阻时，你要向自己及所有其他人证明积极的处事态度是你的真本色。正所谓"越挫越勇"。

拥有积极处事态度的人会在每个人身上找寻美好的一面，会在每种境况中找寻乐观的因素，他们会寻找积极或幽默的因素。积极的人往往富有建设性，而不具破坏性。令人高兴的是，积极的处事态度是可以学习的，只要每天你都表现得很积极，尤其是在最需要你秉持积极态度的时候。在每个人身上找寻美好的一面，在每种境况中找寻乐观的因素，在每个问题或困难中寻找宝贵的经验。

🌱 打造积极的形象

令人震惊的是，那么多人年复一年地克制自己不外露，只因没人把他们拉到一边，告诉他们，想

第六章 如何超越他人

要升职加薪的话，他们外在的形象会起到多么重要的作用。

多年以来，我一直研究商业场上的形象问题。我读了许多关于这个主题的书和文章，并为成千上万听众讲解这个主题。你的形象影响着你能走多远，能走多快。

为了在公司里和工作上取得成功，你始终要衣着得体。观察行业中最成功的人，观察公司里最成功的人，观察报纸杂志上那些职业处于上升期的人，模仿他们的衣着方式。一定要把自己穿得像个领导者，而非追随者。

在商业场上，有些颜色和色彩组合更令人赏心悦目。你要买一本关于职业形象的书，仔细阅读，然后在职场上按其建议行事。

🌱 周五休闲装

今天，人们很喜欢谈论休闲装。可那些可以在

工作中穿休闲装的人都是幕后人员，他们不与客户打交道。公司的未来通常不会取决于这些人。哪怕在崇尚休闲装的硅谷，年轻高管在办公室也穿着西装。他们深谙衣着的重要性，与客户和银行的人见面时，他们会穿上定制西装。

如果你是个有未来的人，千万别穿得像个没未来的人。你的衣着应该显示出你的人生将有所成就。如果你周围每个人都决定穿休闲装，对于你来说，最好不过了。你会很突出，会给任何一个对你事业有积极影响力的人留下好印象。

公司想向客户和投资者引见员工时，希望能以这个员工为荣。所以，你必须看起来像个主管，这样，公司能自豪地把你作为代表向别人引见。

🌱 第一印象持久不变

有这么一个规则：人们会在最初的 4 秒内对你做出判断。在做出最终判定前，他们会再给你大约

第六章 如何超越他人

30秒，然后他们就会把这个判定放进潜意识里。之后他们便很难再改变这第一印象。在那之后，他们会寻找证据来证明自己的第一印象是正确的，会忽略那些相反的证据。你很难有第二次机会来改变别人对你的第一印象。

人极度依赖视觉。在你给别人留下的第一印象中，95%由你的衣着仪容决定。你的目标是穿着得体，使自己在任何商业场合看起来状态极佳。

🌱 抓住机会

这就是我的机会！那是一个星期五晚上，董事长要求我做一份关于一项未来投资的详细报告。我立马开始工作，从星期五晚上到整个周末，一直在工作。星期一早上，我提前来到公司，找到一位秘书让他帮我把报告打印出来，打印出来的报告看起来很棒。我已经提前做好了准备。

星期一早上，董事长给我打来电话，问我能否

就星期五晚上安排的任务给他一个确切的数字。原来是银行打来电话，向他咨询投资的细节，以便做出决定。我马上带着报告来到他的办公室，把报告放到他的桌上。他看了报告，抬头看了我一眼，然后给银行打电话。我坐在那里，他当着我的面，向银行读了我的分析，然后得到了一大笔贷款。从那天起，我的事业蒸蒸日上，我开始得到更多任务。我变成他的"能搞定事情的人"，我在这家公司的整个未来就像滑进了上升轨道。

❥ 你做的始终要超过老板付钱请你做的

在职场中，大多数人只做老板要求他们去做的事情，可你不能这样。你要做的是不停要求做更多工作，每当你被安排一项新任务，就要迅速并且可靠地执行这项任务。你要建立这样的声誉：无论交给你什么任务，只要你想去完成，就能把任务处理好。

没有什么能比"迅速可靠"这样的声誉更能助

第六章
如何超越他人

你升职加薪了。你要成为老板可以指望迅速完成工作的人。无论付出什么代价,你要把每项分配给你的任务都当作是自己职业生涯的一次考验。

留意执行任务的机会

有个在大公司工作的人告诉我以下这个故事。当时,公司要筹办一个活动,没有一个人自荐做筹备工作。其他经理都避开这项工作,因为这项工作特别耗时间。

可他却把它当作为公司高层执行任务的机会。他站了出来,接受了这项任务,并且完成得很出色,让公司里的每个人都参与到活动中。在筹备活动的过程中,他可以跟公司里几乎每一位高级经理碰面,于是得到了让这些经理认识他的机会。

由于活动很成功,公司总裁得到了嘉奖,报社还把他作为社区里最优秀的企业高管为其写了一篇新闻报道。活动结束后的半年里,那个自荐做筹备工作的人晋升了两次。一年之后,他之前的经理,那个躲开这项任务的人,成了他的下属。

🌱 提出自己的要求

未来属于善于提出要求的人,这是你能学到的最重要的成功原则之一,它会让你的职业生涯进入快速通道。未来不会属于被动坐在那里希望自己的生活和工作有所改善的人。未来属于走上前去提出自己的要求的人。

当你申请新工作,大多数的老板心里会有一个薪水范围,你提出的薪水要高出他们提出来的数额10%至20%。如果他们非常希望你能留下来工作,往往愿意将薪酬水平提高10%或20%。

一旦你得到工作,就要问老板自己要怎么做才能加薪。如果你不了解自己要怎么做才能升职加薪的话,那么实实在在地勤奋工作则毫无意义。你必须在老板真正关心的事情上表现出色。所以,去找

老板提出自己的要求,如果还是没有说清楚,就再次提出要求。

🌱 建立自己的档案

如果你想要加薪,必须提出来。而提出来的方式就是为你想要的金额建立档案,就像律师建档一样。不要像大多数人那样,只会说自己需要更多钱,你要用不同的策略,你现在正在做的所有工作列出来,还有自公司聘用你以来或上次加薪以来你所增加的经历和培养的技能。你要阐释自己的工作对公司整体运营的影响以及自己作为出色员工所作出的贡献。

把所有这些信息呈给你的老板,告诉他:鉴于这一切,你想把薪酬涨到年薪多少,月薪多少,给出具体数额。大多数的情况下,只要用聪明的方法提出加薪的要求,就会获得加薪。

有时候,你得到的会比你要求的少。如果发生

这种情况的话，就要问自己必须完成什么工作才能得到剩余部分。如果你提出的加薪要求被拒绝，就要明确问清楚自己必须做什么才能得到所要求的加薪，明确问清楚加薪何时能兑现。一定要特别具体、特别清晰。不要害怕提出要求。

永远不要害怕被拒绝

在今天的人际关系中，"提出要求"是一个大问题。人们因为害怕被拒绝而不敢提出要求。他们害怕听到"不行"。但是，请从这个角度想一下：提出要求前，你一无所有。如果你提出要求，那个人说不行，你还是和之前的情况一模一样。不过，很多情况下，那个人会说好的，而你的整个未来将会变得不同。

有时候，人们因为觉得自己不配而不敢提出要求。他们觉得自己不够好，不应该获得比当前收入更高的薪酬。可当你开始提出自己想要的薪酬时，

第六章
如何超越他人

有趣的事情发生了。你开始觉得自己值得更多,自己更有价值。你开始思考"为什么我值得拿这样的薪水",而不是"为什么我不值得"。

如果当前的工作让你不开心,就要提出要求,转到不同的工作。如果老板对待你的方式让你不开心,就要提出要求,请老板以不同的方式来对待你。如果工作中任何部分让你不开心,就要提出要求进行改变。

当然,你该礼貌地、恭敬地、热情友好地、满心欢喜地、满怀期待地并满怀信心地提出要求。如果需要的话,持之以恒地提出要求。一定要提出要求。未来属于善于提出要求的人。你提出的要求越多,越有可能得到你想要的东西。你只需尝试一次,定会惊讶不已。

🌱 秘书在谈判中赢了我

我曾经有个秘书,她在为我工作之前被银行解

聘了，她非常需要工作。我只能付她800美元的月薪来聘用她（那是在1986年）。两个月之后，因为她工作实在太出色了，我把她的薪水涨到每个月1000美元。又过了两个月，我把她的薪水涨到每个月1200美元。也就是在非常短的时间里涨薪50%。

当她为我工作六个月之后，她告诉我想跟我谈一下自己的薪水。她告诉我她一直在考虑自己的薪水，于是下定决心，想要加薪。

我预计到这样的情况，我告诉她我准备每月给她再涨200美元。她为此对我表示感谢，然后告诉我她已经做了详尽的就业市场调查，并得出结论：一个拥有她这样的技术和能力的人值得1800美元的月薪。这就是她想要的数额。

让自己变得更有价值

我很惊讶。我坐在那里看着她，她自信地与我对视。然后我想到她是那么迅速地了解了公司业务

第六章 如何超越他人

的每个细节。另外,她会用自己的私人时间去学习计算机课程,所以她能记账,能进行文字处理。她还向客户介绍自己,并且正在处理客户服务问题。她一直努力让自己变得更有价值。

看着她坐在那里,我意识到她值得更高的薪水。要找人替代她,哪怕无须支付更多,我也必须给其他人支付同样的薪水。我同意了她的要求,把她的薪水涨到每个月 1800 美元。

这就是关键所在。她每件事情都做对了。她在合适的时间提出了要求,然后走到我的面前来,把自己想要加薪 50% 的要求清楚提出来,还给出了正当且充分的理由。

你必须培养自己在合适的时间提出要求的习惯。刚开始接受工作的时候提出要求,在工作的过程中提出要求,在每个工作阶段提出要求。提出要承担更多任务,提出要升职加薪。不管怎么样,一定要提出来。

守护自己的诚实正直

品质是你最珍贵的资产。当别人评估是否要给你升职加薪时,这是非常关键的因素。

而在品质中,最重要的是诚实。不管怎么样,不管在何种情况下,都要讲真话。说过的话要算数,许过的诺言要兑现。如果说了要做什么事,那么不管付出什么代价,你都要完成它。

忠诚也是非常重要的品质。在职场中,缺乏忠诚是一个人最大、最致命的缺点。如果你忠诚,就永远不会抱怨、谴责或批评自己的公司、老板、产品、服务或其他关于你工作的一切。哪怕你因某些事不高兴,也不要说出来。要支持与你共事的人,向为你支付薪水的人表现出忠诚。

莎士比亚曾经写过:"你必须对你自己忠实;正像有了白昼才有黑夜一样,对自己忠实才不会对别人欺诈。"对自己忠实,然后对身边每个人忠实。永远不要在"诚实正直"这个问题上妥协。

第六章 如何超越他人

当你诚实正直时，会觉得自己特别棒，会更自信，会积极向上、充满能量。最重要的是，你会赢得周围人的尊敬、信任和忠诚。始终要守护自己的诚实正直。

以未来为导向

在领导力中，以未来为导向是必不可少的态度，这要求你为自己和事业创建长期愿景。哈佛大学政府管理教授爱德华·班菲尔德（Edward Banfield）经过50年的研究得出以下结论：社会上成功的人，都会做"长期展望"。他们会考虑未来10年和20年的情况，他们会从长远的角度出发做出每天的决策。你也应该这样做。

要以未来为导向，最重要的概念是理想化。所谓理想化，就是要从各方面想象自己的未来理想职业。往前看3到5年，想象自己的生活十全十美，你正在做最适合自己的工作。

你要再次考虑这些问题的答案。如果你的工作十全十美，那么它会是什么样子？你会在做什么？薪水会是多少？你会与什么人一起共事？你会在哪里工作？

🌱 提升核心胜任力

如果你想象出了完美的工作，就问自己：为了得到并留住这份工作，你需要变成什么样的人？需要拥有什么样的技能？必须学习和培养什么新技能？

你要在工作中运用所谓的"差距分析"，也就是分析今天与未来的差距。为了缩小差距，此时此刻你应该开始做出什么变化？你要怎么做才能让自己得到这份心仪的工作？

任何领域的领导都会拥有一种品质：大部分时间都在考虑未来。思考未来对你来说也很重要，因为那是你以后的生活。你考虑未来越多，就会越积极乐观。你对未来目标有越清晰的愿景，就越有可能每天采取措施，将愿景变成现实。

第六章 如何超越他人

你还要考虑公司的未来。观察所在行业的周期与趋势，思考公司今天的状况及公司要做什么才能在未来取得成功。你在工作岗位上越能以未来为导向，就越能升职加薪。你越能以未来为导向，就会做出越好的决定，就会对公司的运营产生越积极的影响。你越能以未来为导向，就越觉得自己在掌控自己的生活、事业和个人命运。

以目标为导向

相较于不确定或不清楚自己想要什么的人，拥有清晰的目标并清楚了解自己想要什么的人会取得更大的成功。

没有什么比成为以目标为导向的人更能助你升职加薪。幸运的是，你能迅速学会设定目标和实现目标的技能，并在实践中日益增强这种技能。你可以回看第三章，参考设定目标的练习，用它们来助你的事业步步高升。

🌱 在行动中以结果为导向

实现目标的能力是决定你升职加薪最为重要的因素。结果就是一切。许多研究发现：在毕业后的两年里，你所受到的教育对事业影响很小甚至没有影响。自职业生涯的起点，重要的是你的执行力和为公司实现目标的能力。

许多人虽然一开始没有受过太多教育，也没有太多技能，但是由于他们以结果为导向，所以他们比那些受过良好教育并拥有许多优势的人更成功。这也必须是你的策略。

🌱 确定优先顺序

针对工作中的任务和行动列出1份清单，然后带着这份清单去找你的老板，让老板将清单上的任务和行动排出优先顺序。

对于你列出的任务清单，他觉得哪些任务更重

第六章 如何超越他人

要,哪些任务没有那么重要?从那一刻起,你要一直专注老板认为最重要的那项任务。

想升职加薪,最佳的方法就是做老板最关心的任务。你完成的重要任务越多,老板就会给你更为重要的任务让你去完成。

🌱 以解决问题为导向

工作与生活是由一系列连续不断的问题组成的。你整天都在解决问题,这就是你的工作。不管你处于什么职位,都是在解决问题。

如果你没有需要解决的问题,只说明你无关紧要。不少工作可以由机器自动完成。如果越多小问题或小行动由机器代劳,那么你就越能集中精力去解决复杂的问题,从而变得更重要、更有价值。

在连续不断的问题中,还会出现新的危机。有效处理不可避免的问题和无法逃避的危机的能力是衡量你能力的关键因素。

在任何组织里,以解决问题为导向的人都是最珍贵的。就在你把精力从问题上挪开,集中到解决方案上那一刻,你就从消极转为积极。你不要去问或担心谁干了什么,谁该受责备,而是应该问:"我们现在怎么办?"

你越专注于找出解决方案,就越会找到更多解决方案。你越善于解决问题,老板就越会给你重大的问题让你解决,与此同时,你就会得到更高的薪水和职位。

说到底,你的整个职业生涯取决于你解决工作中遇到的问题的能力。解决问题的同时,解决问题的能力会提升到更高水平。

简单的七步问题解决法

在日后的职业生涯中,你可以运用以下方法来有效处理遇到的问题。

1. 清晰地定义问题。到底怎么回事?找出真正

第六章
如何超越他人

的事实,而不是表面的"事实"。令人惊讶的是,有些人遇到问题,甚至还没弄清楚到底怎么回事,就想去解决问题,以至于浪费了许多时间与精力。你要不停地问:"还有什么其他问题?"

2. 找出问题存在的所有可能的原因。问题怎么发生的?为什么发生?有时候,单凭这个步骤就会让你找出正确的解决方案。

3. 找出所有可能的解决方案。你能找出的可能的解决方案越多,便越有可能找出理想的解决方案。你要不停地问:"还有什么其他的解决方案?"

4. 做出实施其中一个解决方案的决策。大多数情况下,有决策总好过没决策。哪怕选择的解决方案很糟糕,但只要大力去实施,也好过停滞不前。

5. 分配任务,执行决策。到底由谁来做什么,什么时候做,以什么标准来完成?

6. 制定汇报时间表以及衡量决策是否已经成功完成的标准。没有截止期和衡量标准的方案不是真正的解决方案。

7.即刻行动起来,把问题解决。你要成为一个在工作和生活中以解决问题为导向的人,成为人们带着问题找上门的人,因为你总能找出解决方案。你越专注于解决方案,就变得越聪明。你变得越以解决问题为导向,就越能找出更多更好的解决方案。

在工作中要以想法为导向

以想法为导向指的是不停地寻求更迅速、更好、更低成本、更容易的方式来完成工作,实现想要的结果。

创造力就像肌肉,如果不用,它就会萎缩。你越用脑子,就会变得越聪明,就会生出更多更好的想法运用到工作的各个方面。

在各个行业中,成功的人是那些能想出更好的新想法来实现公司目标的人。

第六章 如何超越他人

🌱 使用头脑风暴法来解决问题

我认为头脑风暴法是一个非常好的产生想法的方法。很多人是用这个方法来取得成功的。

在使用头脑风暴法的过程中,你要找出自己的重要问题或目标,用问题的形式把它写到纸上。然后,给这个问题想出 20 个或更多的答案。譬如,你的问题可以是:"如何将此项活动使用的时间和成本减少 20%?"然后给这个问题想出 20 个答案。最后,你从这些答案中挑选出至少一个,立刻采取行动,将之付诸实施。

在日后的职业生涯中,每当你碰到棘手的挑战或问题,用问题的形式把它写到纸上,然后想出 20 个答案。这个方法会改变你的人生,会让你变得特别聪明。它会激发你的创造力,让你全天创意满满。经常运用思维风暴法,会让自己大脑反应更迅速、更灵活。只要尝试一次,便会大吃一惊。

你越有想法来提升公司的运营,便越会得到更

高的薪水和更快的晋升。

🌱 在工作中要以人为导向

关系就是一切。你的成功程度、升职速度、薪资水平很大程度上都取决于你认识多少人和他们了解你的程度。

物以类聚，人以群分。人们喜欢给自己喜欢的、在一起感觉舒服的人升职加薪。大家越喜欢你，越喜欢与你为伴，就越会为你打开更多扇门，为你移除更多道路上的障碍。

最近一项研究发现，公司更有可能解聘个性消极的人，尽管这些人可能在技术上胜过其他人。根据一项长达 20 年对聘用和解聘趋势的研究，95% 被公司裁掉的人是因为性格问题。缺乏社交能力是一个人升职加薪最大的障碍。

第六章 如何超越他人

🌱 运用黄金法则

想要成为以人为导向的人,关键在于无论做什么事都要运用黄金法则,即以你希望别人对待你的方式对待别人。如果有机会,就尽可能帮助别人完成他们的工作。当你与别人相处时,尤其是薪水比你低的人,要有礼貌,要和蔼体贴。托马斯·卡莱尔(Thomas Carlyle)[1]曾经写道:"要辨别大人物,可以看他如何对待小人物。"

你要尽一切可能不断拓展人际关系。出席与所在行业相关的商业活动,向别人介绍自己,搞清楚他们的职业。提出好的问题,仔细聆听答案。不断拓展人际关系,最终结识行业中的许多关键人物。

---

[1] 托马斯·卡莱尔(1795—1881):英国历史学家和散文作家,主要著作有《法国革命》《论英雄、英雄崇拜和历史上的英雄事迹》和《普鲁士腓特烈大帝史》。——译者注

结识关键人物

许多人通过结识行业里的关键人物来改变自己的职业生涯。由此,当有岗位空出来的时候,这些关键人物会记起他们,让他们来参加面试,并最终让他们得到工作。许多人本来在某家公司里出色地工作着,仅仅是因为在一个商业场合或会议中认识了一位朋友,就换到另一家公司成为高级主管,得到更高的薪水,还拿到股权激励。

你要在工作中成为一个友善且乐于助人的人。向帮助你的人道谢,不管他们帮了大忙还是小忙。要特意去赞美别人的特征,赞美别人拥有的东西,或赞美别人获得的成就。正如林肯曾经说过:"人人都喜欢赞美。"

把公司里的每个人当作公司最有价值的客户去对待。当你让别人觉得他们很重要的时候,他们也会时刻让你觉得自己很重要。当你身边的人喜欢你、尊敬你的时候,你就有了升职加薪的机会。

第六章 如何超越他人

🌱 在事业上要以成长为导向

要终身学习，要成为公司里学习成长最快的人。

实际上，你现在所掌握的大部分知识和技能的半衰期大约为两年半。也就是说，你今天所掌握的大部分与行业相关的知识技能将会在五年内过时或变得无关。想在瞬息万变的世界里生存发展下去，你必须不断地以越来越快的速度给自己的知识与技能升级，如此才能跟上时代的发展，更何况你想要超越他人呢。

在美国，前10%薪水最高的人每天会花两到三个小时来阅读相关领域的资料，以了解最新的资讯。他们尽可能从各种渠道不断接收信息。随着我们进入超速发展的信息时代，各行各业的精英都意识到自己必须站在变革浪潮的前沿，否则就会被变革浪潮压倒。今天，你只有一个非常简单的选择：要么成为变革的弄潮儿，要么成为变革的"受害者"。你要做的是通过不断学习，做好自己的工作，成为变革的弄潮儿。

终身学习的三个关键行动

第一个关键行动是每天至少花一个小时来阅读相关领域的资料。如果你每天都花一个小时来阅读，那么就等于每周阅读一本书。如果每周阅读一本书，那么就等于每年阅读大约 50 本书。如果每年阅读 50 本书，那么就等于在未来的 10 年里，你会阅读 500 本书。持之以恒地阅读所在领域的资料会让你在很短的时间内成为行业里学识丰富、薪水高的人。

第二个关键行动是开车时收听教育类节目。一般来说，每个车主每年开车的时间为 500 至 1000 个小时。这相当于每周 40 个小时、每年 3 至 6 个月的时间在车里，根据南加州大学的学制，这相当于 1 至 2 个大学学期的全职学习时间。如果你在开车的时候不听音乐，而是收听教育类节目，那么你的知识会慢慢累积。

第三个关键行动是参加课程学习和研讨会。我所认识的高薪人士中，他们中有人真的会从东海岸

第六章 如何超越他人

飞到西海岸，只为参加一场为期两天或三天对他们的事业有所帮助的研讨会。就像你在网上搜索资料一样，一本好书、一个教育类音频节目或一场研讨会能给你带来一些想法和见解，从而让你节省数年的艰苦工作。从现在开始，你要如饥似渴地学习新知识。不管怎么样，没有什么能比成为行业内学识最丰富、最具胜任力的人更能助你升职加薪了。

以表现出色为导向

你要下定决心，做事要以表现出色为导向。观察周围的成功人士，你会发现他们可能并不是比你聪明，也不是比你优秀。如果有人今天领先于你，那是因为他们的行为有别于你。别人能做到的，只要你现在学习，也会做到。

要成为行业内最优秀的人，你首先要确定关键结果领域。要想在行业内取得成功，你需要在一些技术领域表现出色。不管什么工作，其关键结果领

域很少超过7个。在每个关键结果领域表现出色的能力是决定你升职加薪的关键因素。

一旦确定了关键结果领域,就要问自己"哪项技能我若能出色地运用会对我的职业生涯产生最大的积极影响?"这是职业生涯中最重要的问题。如果你不知道哪项技能会对自己帮助最大,可以问老板的意见,同事的意见,爱人的意见。不管怎么样,你必须找到这个问题的答案,并把这个若熟练掌握便能给你带来最大帮助的关键技能定为核心。然后把掌握这项技能定为目标。把目标写下来,制订计划去掌握这项技能,然后每天都为此努力。

不管做什么,你都要制订表现出色的标准,要建立能出色完成工作的声誉。如果你是个领导,便要求每个向你汇报的人员出色完成工作。要记住,好是远远不够的。

归根结底,没有人会在意你能多快完成工作。所有人在意的都是你能多出色地完成工作。你要下定决心变得优秀,并且出色地完成工作。把这一条定为

第六章 如何超越他人

标准,在日后的职业生涯中,不要对这个标准妥协。

在生意中要以客户为导向

在生意场上,客户就是一切。一个公司最基本的生存之道就是发展并留住客户。公司的利润来自以合理的成本发展并留住大量的客户。

公司所有的薪水都是客户支付的,公司以及公司每个员工的成败取决于客户。山姆·沃尔顿(Sam Walton)[1]曾经说过:"其实,老板只有一个,就是客户,他有能力解聘公司里的每一个人,从董事长到普通员工,只要他把钱花到别处。"

客户的定义是依靠你来满足其需求的人,或你依靠其来满足自身需求的人。根据这个定义,老板就是你的客户,同事也是你的客户,员工也是你的

---

[1] 山姆·沃尔顿:沃尔玛创始人,山姆会员店创始人。——译者注

客户。当然，购买你的产品和服务的人自然也是你的客户。每个人多少都会依靠他人。谁是你的客户？谁是你的关键客户？

你在生活与工作中的成功很大程度上取决于你如何服务和满足人生中的客户。你越能满足客户的需求，越好地满足客户的需求，客户便越能满足你的需求。

客户满意度的四个层次

在生意场上，客户满意度分四个层次。第一个层次是满足客户的期望。这是公司生存下去的最低要求。

第二个层次是超越客户的期望，也就是你做的比客户期望的还要多。这是公司成长和盈利的关键。

第三个层次是取悦客户，也就是你做一些事情可以给客户带来意想不到的快乐。

客户满意度的最高层次是让客户惊叹，也就是

第六章 如何超越他人

你做一些事情可以让客户非常开心,他们不仅会再次购买你的产品服务,而且还会推荐给朋友。

每天你都应该努力超越那些在工作中依靠你的人的期盼,让他们感到既开心又惊叹。服务和满足客户的能力能助你升职加薪。

在生意中要以利润为导向

在生意中以利润为导向是决定你未来财务状况的关键因素,是你成长、成功和快速升职的关键因素。每个公司最重要的人都很关注自己要做什么才能提高公司的盈利能力。你的工作对公司盈利能力的影响越大,你在公司的位置便越重要,得到的薪水就越高。

有两种方法可以提升公司的盈利能力:

通过销售更多现有产品和服务,或开发可以销售给更多客户的新产品和服务,从而提高公司的收入;

通过降低当前市场提供产品和服务的成本,从

而提高公司的利润率。

最好的措施就是不停寻找办法，一边提高销售数量和收入，一边降低交付这些产品和服务的成本。

5年之后，今天市场上80%的产品将不复存在。变化和革新的速度很惊人。你必须不断寻求新的产品服务，将现存的产品服务重新组合，将这些新的产品服务和新组合投入市场以维持和提高公司的收入。只需一个好的想法，你就能改变自己的整个职业生涯。

与此同时，你应该寻找方法对自己的工作进行重组，以更快的速度、更低的成本来完成工作。把开销中原本会多花的钱省下来。仔细检查每一项成本，分析它是否真的无法降低或去除。许多高管发现他们可以将生产产品或提供服务的成本降低50%、60%甚至70%，同时还能提升产品和服务进入市场的速度。当然你也可以。

公司里的高管是最关心公司整体盈利能力的人。当你有能力可以影响公司的盈利能力，成为公司的

第六章 如何超越他人

重要员工，那些高管会马上注意到你，他们能在事业上给予你帮助。以某种方式提升公司盈利的能力是助你升职加薪最快的方式之一。

在人际交往中要以权力为导向

在公司和生意场上，权力是真实而重要的因素。在职业生涯中，获得并运用权力的能力是助你长期成功不可或缺的因素。让我来解释其中缘由。

简单地说，权力是指掌控人员和资源的能力。也就是说，权力指你有能力影响已做或未做的事情。权力主要分为两种，积极的权力和消极的权力。积极的权力是指你利用自己的影响力，帮助公司以更低成本更快实现更多目标。消极的权力是指人们利用自己的职位或影响力，消耗公司的成本以提升自己的利益。

你应该培养三种积极的"权力"。第一种是"专家权"。当你特别擅长某件对公司很重要的事情时，

便会拥有专家权。其结果是，人们会因你作出的宝贵贡献而尊敬你。

第二种是"赋予权"。这是你被别人喜欢和钦佩的地方，因为你具有团队精神，容易相处，能帮助他人实现他们的目标，以及完成他们的工作。当大家喜欢你，想让你成功的时候，你便会拥有赋予权。这种权力主要来自你的处事态度和性格人品。

第三种积极的权力是"职位权"。这是某个具体职位所具有的奖惩权力、权威和能力。每一个职务或职位都会带着某些权力。当你拥有了专家权和赋予权，就会得到职位权。职位比你高的人和你身边的人会希望你身居一个有影响力的岗位，因为你让他们看到：你拥有越多影响力，就越会为公司实现更多更好的结果。这是你要培养的最佳、最重要的权力。

你越以积极和建设性的方式获得并使用权力，便越会吸引更多权力，会有更多身边的人支持和帮助你，职位比你高的人会给你更多的资源，你会获得更多尊重。由此，你也能升职加薪。

第六章 如何超越他人

🌱 在事业中要以行动为导向

以行动为导向是优秀执行者最容易被识别的外在品质。他们总是忙个不停,总是在做让自己和公司朝目标前进的事情。

今天就下定决心,培养危机感,提升执行力。无论做什么,都要培养自己雷厉风行的行事风格,因为你的行动越迅速,完成的工作就越多。你完成的工作越多,获得的经验便会越多,胜任力就越强。对于公司和身边的人来说,你的行动越迅速,就越有价值。

当你有了"无论干什么都能干得迅速又可靠"的声誉,就会把更多任务吸引过来,做更多越来越重要的事情。

一个总是行动迅速、拥有普通背景的普通人会胜过行动缓慢的天才。你的目标是培养这样的声誉:如果有人想快速完成一项工作,就要委托你来做这项任务。这个声誉会为你打开很多扇门,这能助你升职加薪。

今天,财富的主要来源是天赋和能力。金钱和

重塑自我
REINVENTION

资源都会流向这样的人，他们证明自己能完成工作，且能快速、出色地完成工作。只要你开始将这些能助自己升职加薪的技巧付诸实践，就会让自己的职业生涯进入快速通道。你会比周围的人进步更快，变得更可靠。你就会加快前进的步伐，让自己的人生和事业变得美好。

> **实践练习**

> 1. 根据工作的努力程度给公司里的每个人打分，你会得多少分？
> 2. 你打算每天采取哪些步骤来提升自己的知识和技能？
> 3. 你负责的哪些工作任务会给公司带来最大的价值？
> 4. 你的老板最关心的是什么？他认为最重要的是什么？
> 5. 在公司里，哪些任务需要完成得又快又好？
> 6. 学习完本章，你会立刻采取什么行动？

第七章
如何充分发挥自己的潜能

一个人若能自信地向他梦想的方向行进,努力经营他所向往的生活,他是可以获得通常意想不到的成功的。

——亨利·戴维·梭罗(Henry David Thoreau)

在最后一章,你会领悟到重塑自我可以改变人生。这些关于重塑自我的思想、方法和技巧可以提高你的工作效率、生产力和收入,可以减少压力,可以让你成为生意场上或行业内工作效率最高的人之一。

成功的人通常工作效率很高。他们完成的工作比普通人多得多。他们收入更高,升职更快。他们会成为领导和模范,会成为行业内的精英,达到高

收入水平。你也可以。

你可以通过实践和重复运用学会这些关于时间管理和提高工作效率的方法。如果你经常练习这些方法，它们会成为你思考和工作的习惯。

如果你开始在生活和工作中运用这些方法，自尊、自信、自爱和自豪感会得到提升，你将有所收获。

做出决定

生活中每个好的变化都始于一个明确的决定，即去做某事，或停止做某事。当你做出进或退的决定时，生活便会开始出现变化。

决断力是成功人士重要的品质之一，你可以通过实践和重复练习来培养自己的决断力，一遍又一遍地练习，直到它变得像呼吸一样自然。

有些人做事效率低、成效不显著，可能是因为他们还没决定要成为一个做事高效的人。

第七章
如何充分发挥自己的潜能

🌱 下定决心

今天就下定决心,不管花多长时间,投入多少成本,你都要提高自己的时间管理能力和工作效率。

要严格要求自己。关于自律,哲学家兼作家阿尔伯特·哈伯德认为:"自律就是:当应该做的时候,要求自己做应该做的事,不管自己喜欢不喜欢。"

做自己喜欢的事很容易。可当你不喜欢的时候,还强迫自己去做,才能让你的生活和事业进入快速通道。

为了快速进入行业精英层,今天你要做出什么决定?不论如何,是进是退,今天都要做出决定,然后开始行动。

🌱 确定清晰的目标

在通往成功的道路上,确定清晰的目标很重要。80%的成功来自清晰的、想要实现的目标。令人惋

惜的是，80%及以上的失败挫折可能是因为人们迷茫，不是很清楚自己想要什么以及如何实现心中所想。

石油大亨、亿万富翁哈罗德森·拉斐特·亨特曾经说过，成功有两个要求。第一个要求："决定你到底想要什么。"大部分人从来没有这样做。第二个要求："你必须确定得到心中所愿所要付出的代价，然后下定决心去付出此代价。"

提前计划每一天

如果你想要提高自己的工作效率，计划每一天是有必要的。你要适当事先规划，以防表现不佳。

适当规划是专业人员的标志。成功人士会花大量时间来做计划。"一九法则"指的是先花一分时间来做计划，一旦开始行动，就能节省九分钟。

当你把计划仔细写下来时，脑手碰撞，会发生奇妙的事情。相较于仅仅在脑海中思考，"写"这个动作的确会让你的思想更敏锐，会激发你的创造力，

第七章
如何充分发挥自己的潜能

让你更加专注。

开始做计划时,把你能想到的所有事情都列出来,为长远的未来做准备。之后,这张计划单会成为你的核心清单。每当想到自己必须做的事情,就写到这张清单上。

每月初,列出能想到的未来几周自己必须做的事情。然后将这张月清单分成周清单,明确写出何时开始去完成月初便决定好的任务。最后,也许也是最重要的,列出每日的行动清单,最好在前一天晚上做出清单,这样你睡前可以想想这张清单。

要按清单行事。白天想到新的事情,就加到清单上,然后开始工作。工作的过程中,每完成一项任务,就把它从清单上划去。这会让你觉得自己一直有所成就,一直在进步。把完成的项目一项一项划去,会激发你的动力,让你充满能量。清单可作为一张记分卡来记录你的一天。从清单上,你能看到自己正在进步,清楚自己还需要做什么。

阿兰·拉金(Alan Lakein)是时间管理专家。

他认为，只要开始按清单行事，就能让自己的工作效率提高25%。大多数效率高的人都会把想法写下来，列出清单，并按清单行事。

仔细计划每一个项目

说到底，你今天要做的每一件事就是一个项目。项目是指一项多任务活动，一项需要多个步骤才能完成的工作。从这个意义上讲，你在整个职业生涯中都在当项目经理。

想要取得成功，想要升职加薪，很大程度上取决于你完成项目或多任务工作的能力。与时间管理的其他领域一样，最重要的是"清晰"。

你要记住六件事：

1.每个项目开始时，在心中想一下理想的结果是怎样的。

2.列出完成项目所需的每一个步骤——从开始到完成必须做的每一件小事。

3. 将清单上的事按优先顺序排列。先做什么？然后做什么？哪些事要同时完成？

4. 分配任务。明确谁做什么，何时做。如果不分配任务，不设定具体的截止期，这样的项目计划就只能算是一次工作讨论，不会带来具体的结果。

5. 密切监督项目的进展，尤其是能带来重要影响的步骤。确保一切都在正常进行。建立良好的声誉，你是一个能按时或提前完成重要工作的人。

6. 对自己期盼的结果进行检查。永远不要相信运气，永远不要假定一切安好。你始终都要问："什么可能会出错？"或者"在所有可能出错的事情中，什么事情出错可能会导致最糟糕的情况？"然后确保它不会发生。

仔细检查项目，同时问自己："这个项目的关键行动或最重要的部分是什么？有什么会干预关键行动的按时进行？"一定要记住：适当事先规划，以防表现不佳。如果你能仔细彻底地规划项目的每一步，就能提高工作效率，更好地完成项目。

用 ABCDE 方法设定优先顺序

要设定优先顺序，使之变得有条有理，可以使用一个有效的时间管理方法，即 ABCDE 方法。这个方法运用起来非常简单。

在工作和生活中，要提高自己的工作效率和价值，关键在于挑选出最重要的任务，然后严格执行这项任务，直到完成为止。

你可以用以下方法来决定任务的优先顺序：思考做或不做某项任务的潜在后果。所谓重要任务，就是完成它或不完成它会产生重要的影响。工作效率很高的人在规划组织活动时，都会不断考虑可能的后果。

列出清单

在开始行动前使用 ABCDE 法则先列出自己必须做的任务的清单。然后在清单上所列的每个任务旁写下字母 A、B、C、D 或 E。每个字母具有不同

第七章 如何充分发挥自己的潜能

的含义。

1.A 是指非常重要的事，是你必须要做的任务，完成它或不完成它会产生重要的影响。把 A 写在清单中最重要的任务旁。

2.B 是指你应该做但并不如任务 A 那么重要的任务。完成它或不完成它只会产生轻微影响。把 B 写在清单中诸如此类的任务旁。

3.C 是指做了挺好，但不会产生任何影响的任务。你要遵循的规则是：当任务 A 没做完时，不要去做任务 B；当任务 B 没做完时，不要去做任务 C。你必须严于律己，遵守规则。

4.D 是指你要委派给其他人的任务。你应该尽可能把可以委派给别人的任务全部委派给别人，从而给自己省出更多时间专心去做任务 A。

5.E 代表可以删除的任务。这些任务价值很低，你可以将它们删除，因为它们对工作中的成功毫无影响。

把低价值的任务删除可以让你的生活变得更加

简单，省出更多时间去完成那些可能对你产生重要影响的任务。

等你用 ABCDE 法则整理好清单，再次查看清单，对任务 A 排出优先顺序。在最重要的任务旁写下 A-1；第二重要的任务旁写下 A-2，依此类推。然后，立马开始去执行 A-1 事项任务，在它完成前一直专注这个任务。凭借这个简单的 ABCDE 法则就能让你的工作效率翻倍。

将紧急任务从重要任务中区分出来

每天要做的事可分为四类。你可以通过这些事情的紧急性、重要性把它们区别开来。

第一类任务既紧急又重要。这是你必须马上去做的事情，是迫在眉睫的工作。既紧急又重要的任务，如重要的电话、会议、拜访客户和处理危机事件等，几乎都取决于他人，可它们是至关重要的工作要求。如果你把它们放到一边，就会出现严重的

第七章 如何充分发挥自己的潜能

问题。大多数人整天都在处理既紧急又重要的任务。

第二类任务很重要但不紧急。通常来说,这些任务最有可能产生长期影响。这些任务包括准备提案和报告,提升知识与技能,保持身体健康,与家人共度时光等。

很重要但不紧急的任务可以放到一边,之后再处理。此类任务也会给你的生活带来重要的长期影响。这些任务迟早会变得特别紧急,例如大学里的学期论文,给老板或客户的报告。

第三类是紧急但不重要的任务。此类任务包括打电话、过几分钟查一次邮件,和同事闲聊电视节目等。在工作中,你可以去做这些事,但它们对你的成功没有影响。许多人在做紧急但不重要的事情时,会自欺欺人地认为自己实际上在工作。然而,这很浪费时间,是事业成功的阻碍。

第四类是既不紧急又不重要的任务。这些任务很浪费时间。它们和你的工作无关,不会产生任何影响,例如,读报、给家里打电话问晚上吃什么,

购物等。它们不会对你的公司或个人的目标作出任何贡献。

提高工作效率的关键在于集中注意力去解决所有既紧急又重要的任务——每日必须马上完成的任务。然后开始处理那些当下紧急却不重要的任务。不过你必须拒绝去做根本不紧急又不重要的事，如此你才能有更多时间去做能真正产生重要影响的事情。

你要一直自问："做这个任务会有什么结果？如果不去做，会怎么样？"不管答案是什么，这会引导决定任务的优先顺序。

被迫高效定律的运用

这个定律是指：永远没有足够的时间去做所有事，但总有足够的时间去做最重要的事。每当你要去完成一项重要的任务，一项会产生重要影响的任务时，在压力之下，你要埋头苦干，赶在截止期之前完成工作。你被迫变得高效。

第七章
如何充分发挥自己的潜能

许多人不够自律，无法在截止期之前完成工作。他们会说只有在压力之下才能呈现最佳的工作状态。但是，压力之下没人能发挥最佳的工作才能。这只是时间管理不善的借口。压力之下，你不仅会觉得更紧张，而且还会犯更多错误。这些错误常常会让你事后把工作重做一遍。

你可以提出以下四个问题来提高自己的效率和工作能力。

1. "我的最高增值任务是什么？"在所做的事情中，哪些给你的工作和生活贡献了最大价值？哪些给你和公司带来最高的回报？跟老板和身边的人谈一下。请他们给出意见。你要清楚这个问题的答案，然后时刻为这些高价值的活动努力。

2. "为什么老板会支付我薪水？"老板到底要你做什么？在老板要你做的所有事情中，哪几件事情的结果最能决定你工作中的成功？不管这个问题的答案是什么，这些都是你需要全天关注的事情。

3. "哪些是我能做且只有我能做的事情，如果做

得好，就能产生真正的影响？"这种任务，如果你不去做，就没法完成。可如果你去做且做得好，就能产生重要影响。不管这是什么任务，你都应该全力以赴。它是你能作出最大贡献的任务。

4."此时此刻，我要如何做才能最有价值地利用自己的时间？"不管这个问题的答案是什么，一定要确保你此时正在做这件事。

提出这些问题并给出答案能让你专注自己的首要任务，并以最佳状态去执行这些任务。严格约束自己只专注这些答案中的任务，就能提高工作效率。你要如何做才能最有价值地利用自己的时间？

运用"二八法则"

在时间管理的所有法则中，最重要且最强大的一个就是"二八法则"，也就是"帕累托法则"。这个法则将所有活动分成两种类型，即帕累托所称的"少数几件至关重要的活动"和"众多无关紧要的活

第七章
如何充分发挥自己的潜能

动"。法则说的是：在你所做的事情中，其中20%是"至关重要的少数几件"，但这几件事所创造的价值占你创造的所有价值的80%。

这个法则的反面指的是：在你所做的事情中，其中80%的事情所创造的价值占你创造的所有价值的20%。"二八法则"适用于生意和个人生活的各个方面。在生意中，80%的销售额来自于20%的客户，80%的利润来自于20%的产品，公司80%的销售额来自于20%的销售人员，你的80%的收入、成功和进步来自于20%的行动。

如果列出某天自己必须要做的10件事，事实会证明其中两件会比其他所有事情加起来都要有价值。与其他因素一样，识别出并专注最重要的20%的任务的能力将决定你的成功和工作效率。

利用"二八法则"来实现"创造性拖延"。因为你无法去做所有事情，所以在某些事情上不得不有所拖延。因此，你要严于律己，"拖延"那些对生活和结果几乎没有价值的那80%的活动。

普通人会在高价值的任务上拖延，但你不能这样做。你必须坚定立场，不断地刻意拖延那些低价值的任务，即那些无论做还是不做都不会产生什么影响的任务。每次开始工作前都要检查一下，确保自己正在做的事是自己能做的所有事中最重要的20%。拖延其他事务。

精力最充沛时工作

要提高工作效率，一个重要的要求是你要处于身体健康和精力充沛的状态。工作效率高、收入高、事业成功的人能长期保持精力充沛。

要保持精力充沛，你必须好好吃饭、锻炼、休息。饮食要清淡，吃含有蛋白质的食物。

要定期锻炼，每周3到5天，每天锻炼30到60分钟，哪怕只是在工作前后出去散散步。我总是惊讶地发现：好多行业内高薪、工作效率高的人跑马拉松，练铁人三项。身体健康、精力充沛会对提

第七章 如何充分发挥自己的潜能

高工作效率产生积极影响。

尤其重要的是,辛勤工作的时候,一定要好好休息。每个晚上至少需要 7 个小时的睡眠,有时候甚至需要更长时间的睡眠。如果你想要在工作中处于最佳状态,每周至少休息一天,每年至少放假两周。

你应该找到一天之中自己智力和警觉性处于最高水平的时段。有的人是早晨,有的人是下午或晚上。不管你的时段在什么时候,应该把最有创造性、要求最严苛的任务安排在自己处于最佳状态的时段里处理。尤其是,你应该在精力最充沛的时候做创造性的工作,例如写报告和提案。

对于你的工作来说,最宝贵的资本也许是你优秀的思考能力和高效的执行能力。要想在工作中表现出色,效率高,就必须好好照顾自己的身体,并在精力最充沛的时候处理最重要的工作。这是实现高工作产出和取得成功的关键所在。

🌱 一次只做一件关键任务

在时间管理的所有技巧中,"一次只做一件关键任务"是最强大的方法之一。从你运用它的第一天起,单凭这个方法就能让自己的工作效率提高50%或以上。当你养成"一次只做一件关键任务"的习惯,哪怕不使用本章中推荐的其他技巧,也能提高自己的工作效率。

这个方法很简单。把你要做的所有任务列在清单上,挑出清单上最重要的任务,也就是最值得花时间去完成的任务。然后,开始去做最重要的任务,你要严格要求自己一直做这个任务,直到百分之百完成。安德鲁·卡内基(Andrew Carnegie)一开始在匹兹堡的钢铁工厂里做临时工,后来成为世界上富有的人,他认为自己之所以能取得如此大的财富和成功,很大程度上归功于这个简单的方法。他说这个方法改变了他的生活以及为他工作过的人的生活。

第七章
如何充分发挥自己的潜能

要成功,两个最重要的品质是聚焦和专心。聚焦就是要绝对清楚自己的目标和各种任务的优先顺序。专心就是要心无旁骛地做一件事——最重要的事——直到完成。一旦养成这种习惯,相较于任何其他能养成的习惯,它更能助你成功。

有始有终

事实上,如果你开始去做一项任务,做一会儿放下,过一段时间又捡起来继续做,如此来回几次,那么完成该任务所需的时间最终会增加五倍。

可如果一次只做一件事情,当你开始去做一项任务,然后严格要求自己一直做,直到任务完成,那么你所用的时间只是别人完成任务所用时间的20%。这是时间管理和高工作效率中蕴含的一个秘密。通过一遍又一遍不断练习,你就可以养成这个习惯。

"一次只做一件关键任务"会带来两个结果。第

一个结果是你会迅速成为行业内有价值、高薪水的人。第二个结果更重要,那就是每次完成一项重大任务,你的体内就会释放大量内啡肽,让你感到特别幸福。如此一来,你就会很开心,充满活力,自尊心就会提升,从而受到激励,渴望去完成另一个任务。在所有成功原则中,"一次只做一件关键任务"是最重要的原则之一。

吃掉那只青蛙

在美国有这样一种说法:"如果每天早上第一件事是起床后吃掉一只活青蛙,你可以安慰自己,这可能是一整天里遇到的最糟糕的事。"由此可知,"如果你不得不吃掉一只活青蛙,那么坐在那里,长时间盯着它看,它也不会消失。"你可以把自己一天里必须完成的最大、最难、最棘手、最具挑战性,但却最重要的任务当作"青蛙"。

对事业和生活影响最大的工作永远都是棘手的

第七章
如何充分发挥自己的潜能

重要工作。这些正是你最想拖延的工作；正是你不停放到一边的工作，哪怕你知道它们是多么的重要，或者说，如果你完成它们会是多么的重要。

你可以通过以下步骤"把那只青蛙吃掉"。把第二天必须要做的所有事列到清单上，再用 ABCDE 法则把各个事项按优先顺序整理出来。挑出任务 A-1，也就是你明天必须要做的最重要的事情，把清单放到办公桌正中。第二天早上，你要做的第一件事情不是查邮件，不是打电话，不是读报纸，不是跟同事聊天，你要严格要求自己开始去做任务 A-1，直到它完成。你一定要严于律己，每天早上先"吃掉那只青蛙"，直到这变成你的习惯。

先做最难的任务

每天早上先完成一项重要的任务，这会让你充满能量地开始一天的工作。从那一刻起，你会更加专心，会以更快的速度工作。当早上第一件事先"吃

掉那只青蛙"，那么这一天中就能完成更多的事情。

大约 5 年前，我曾为一家年销售收入 3000 万美元的公司主持战略规划会议。在会议中，为了阐明道理，我告诉公司主管关于早上第一件事先"吃掉那只青蛙"的故事。这些主管非常喜欢这个故事，于是在圣诞节的时候，这些主管都收到了一只黄铜青蛙，将黄铜青蛙放到办公桌上，提醒他们这个原则的重要性。

5 年内，这家公司的年销售收入从 3000 万美元升至 1 亿多美元。继续与我共事的高管都会自豪地指着自己办公桌上的黄铜青蛙，告诉我这对他们的生活产生了多大的影响。你也来尝试一下吧。

整理办公室

工作效率高的人都会有干净的办公桌和整洁的办公室。

养成整理办公室的习惯，要在整洁的办公桌上

第七章
如何充分发挥自己的潜能

工作,即使那意味着你不得不把桌子上的杂物收进书柜里。一定要保持办公桌的整洁!

人们把30%的工作时间花在寻找不知不觉放错地方的东西上。有人会说他们在杂乱的办公桌上工作得更好,可当他们被迫整理办公室,一次只做一件事,他们的工作效率提高了。了解到这个真相让他们惊讶不已。

🌱 四步公式

对于手头的文件资料,你可以用"四步公式"来处理:扔掉、描述、行动和归档。

1.扔掉。在你的办公室里,有个最有用的时间管理工具,垃圾桶。在阅读文件资料前,尽可能把所有无关的文件资料扔掉,尤其是直邮广告、无用的报纸杂志等。

今天,人们使用互联网,这一步可以拓展为"删除"。用"删除键"尽可能把一切无关的信息删除,

只去阅读你需要的文件资料。

2.描述。这应该是由别人来处理的步骤。请别人阅读文件资料,做好笔记,然后把文件资料送走。尽一切可能把不需要你完成的任务委派给别人去做,这样你就会有更多时间来处理只有你才能完成的任务。

3.行动。你要特意为这个步骤准备一个显眼的红色文件夹。这个"行动"文件夹里应该放着你必须在可预见的未来采取行动的所有文档。你把文件资料放进行动文件夹,就等于对它们进行了临时处理,不妨碍当前的工作。

4.归档。把你随后需要的文件资料归档。不过,在归档前,你要记住,80%的归档文件资料你永远都不会查看。当你留下记号,要归档某些文件资料,其实是在给别人安排工作。所以,在你归档某些文件资料前,一定要确定这些文件资料有必要归档。

第七章 如何充分发挥自己的潜能

🌱 如有犹豫，就扔掉

有些时间管理专家会收取高额费用来帮助公司高管整理办公桌和办公室。这些专家所做的第一件事就是帮助客户整理成堆的文件资料，这些都是高管平时放到一边，想着后来再阅读的资料。你要遵循的规则是，六个月内不会阅读的资料，就是垃圾！必须扔掉它。

为了让办公室保持整洁，我的原则是："如有犹豫，就扔掉！"这个原则也适用于处理旧衣服、旧家具、旧玩具和其他一切乱七八糟的东西。

实际上，你没有时间读完每天收到的资讯。你必须严格要求自己，尽快扔掉不需要的文件资料。一定要保持办公室整洁，任何时候都只会有一件事摆在你面前。这会让你的工作效率得到很大提高。

🌱 有效利用在交通工具上的时间

如今，人们经常在交通工具上度过大段时间，

比如，开车和坐飞机。你应该有效地利用在交通工具上的时间，进行有效的工作或学习。

开车的时候，你要常常收听教育类节目。许多人通过收听教育节目变得学识渊博，成为行业内的精英。你也应该这样做。从今天起，你应该下定决心，在开车时收听教育类节目。

当你坐飞机时，也应该有效地利用时间。时间管理专家发现在飞机上每工作一小时相当于在办公室忙碌工作三小时。之所以这样，是因为如果你提前做好规划，在飞机上就可以不间断地工作。

所以，你要把每次飞行当作工作和提高效率的机会。好好规划自己的行程。提前做好工作时间表，为飞行中要完成的事情写一份时间安排表，然后收拾行李，确保带上需要的物品，让飞行过程变成有价值的行程。

飞机一起飞，你就放下桌板，开始工作。一定要忍住，不去看前方袋子里的杂志或飞机上播放的电影。在飞机上不要喝酒，而是每小时喝两杯水。这

第七章
如何充分发挥自己的潜能

能让你头脑保持警惕和清醒,还能减少时差的影响。

不管怎么样,充分利用每一分钟,你要把自己的汽车当成移动教室,把飞机当成空中办公室。你要好好利用在交通工具上的时间,努力工作,保持领先。

❤ 在关键任务中表现更加出色

在所有时间管理技巧中,这是最佳的技巧之一。你在重要任务中表现越出色,完成任务所需的时间就越少,而且完成的质量不会逊色,甚至会更好。在关键任务中表现出色能提高你的工作效率,也能大量提升完成工作的质量,还会对自己的收入产生超乎预料的影响。

❤ 终身学习

表现更加出色会对你所做的事情产生重要影响。如果你通过销售产品或服务来谋生,一定要让自己

特别擅长找到潜在客户、介绍产品或服务、追踪潜在客户，达成销售交易等事项。如果你在管理岗位，一定要让自己特别擅长挑选、委派任务，与关键员工沟通等事项。

以下这个问题是你能提出并回答的最重要的一个问题："哪项技能，若你一直特别擅长并能善加运用，会对你的职业生涯产生最大的积极影响？"如果你不知道这个问题的答案，那么就去问你的老板，问你的同事，问你的爱人，问你的朋友和客户。无论如何，务必找出这个问题的答案。

你一旦确定了这个关键技能，就把它写下来定为目标，并设定截止期。制订掌握这项技能的计划，并马上开始行动。然后每天做一些事情，让自己在这件力所能及并最能助你成功的事情上变得绝对出色。

踏实工作

踏实工作是提高工作效率极为重要的原则。你要

第七章
如何充分发挥自己的潜能

培养危机感，迅速开始行动；加快脚步，现在就做！

今天人们格外重视速度。人们认为事情做得又快又好的人比做事慢吞吞的人更聪明，更有胜任力。决策要果断，80%的决策可以在瞬间作出。不要在决策上拖延。决策缓慢会拖累你的行动。

能快速处理的工作，就要又快又好地完成。完成时间少于两分钟的任务，你通常都应该即刻处理。无论什么工作，你都要思考一下：如果现在不做，以后需要多少时间来完成它。

马上拨打重要的电话，处理相关事宜。进行重要的讨论，决定如何解决问题。对老板或客户的要求要尽快给出反应。当需要的时候或机会来的时候，迅速行动。建立快速行动和做事可靠的声誉。

你的目标应该是建立这样的声誉：当有人希望一份工作快速完成时，你就是那个能迅速完成这份工作的人。这会为你争取到更多机会，做更多事情。

重新调整工作流程

这是减少完成工作的时间、精力和费用最有效的方法之一。今天,大多数的工作流程都是多任务、多步骤的。

事实上,随着时间的推移,许多工作会多出许多无效的流程,只是很多人没有真正想过这个问题。很多工作步骤要么没有必要存在,要么实际上没有什么用处。无论如何,它们增加了完成工作所需的时间。

选出自己必须完成的复杂任务,写下完成工作所需的每一个步骤,从最初的思考到任务的完成。你一旦列出每个步骤的清单,便设定一个目标:第一次审视这份清单时,将步骤的数量减少30%。

你要想办法把几个步骤合成一个步骤,把几份工作整合起来,由一个人同时把它们完成,想办法减掉不再需要的步骤。你要一直问:"为什么我们要用这种方式来做?""会不会有更好的方式?"你要简化自己的生活和工作,以便在更短的时间内完成更多的工作,这种能力是提高工作效率的关键。

🌱 每年都要重塑自我

我们生活在千变万化的时代。世界变化之快,以至于你需要不断对自身和生活进行重新评估和塑造。每年,你至少要对自己生活的各个方面审视一次,以确定是否要继续自己正在做的事。

想象一下这种境况:你的工作、行业、公司全都消失了。想象一下你的职业生涯从头再来,你可以走向任何方向,做任何事。你会怎么做呢?

对你生活的地方和家庭度假的方式进行评估。重新评估自己的经济状况和身体状况。如果你的生活和职业生涯可以从头再来,你会如何规划今天的生活呢?

当你定期审视自己的生活,会发现各种各样的机会,改变自己正在做的事情,使它们更符合自己

心中所愿。这是提高工作效率和改善生活品质的关键所在。

列出延后顺序

你已经听说过对任务列出优先顺序。你应该多做一些优先任务，尽早去做一些优先任务。你要尽可能少做一些延后任务，尽可能晚一些去做延后任务。

实际上，要做的事情太多了，可用的时间太少了。如果你想做些新的、不同的事情，就必须停止正在做的一些事情。你必须对生活中不那么重要的事系统性地列出延后顺序。对于不那么有价值的任务和行动，你要学会舍弃。

你有太多要做的工作，所以，在开始做新的事情前，你不得不停止做一些之前的事情。承担新任务就必须放下旧任务，有出才有进，开始就意味着结束。仔细审视自己的生活和工作，你要停止做哪些工作，才能节省出足够的时间来做更多自己应该

第七章
如何充分发挥自己的潜能

做的事情?

🌱 想要重获掌控便需放手

唯有停止做更低价值的事,你才能掌控自己的生活。唯有节省出更多时间去做更有价值、在未来会给自己带来可观回报的事,才能提高你的工作效率。

工作超负荷的时候,我会不停对自己重复一句短小的话:"你能做的是只有自己能做的事。"每当你觉得工作超负荷的时候,觉得自己要做的事情太多,能用的时间太少的时候,就深吸一口气,跟自己说:"我能做的是只有自己能做的事。"

然后坐下来,把必须要做的所有事情列出来,根据自己的时间列出先后顺序。不去做不能有效利用时间的事。有时候,"不做"就是最佳的节省时间的方法。

🌱 保持平衡的人生

你要与爱人孩子保持快乐、健康和和谐的关系。你要身体健康,要成长,包括智慧上和精神上的成长。你要在工作与事业上尽可能成功,才能有足够的资源去做所有自己真正关心但却与工作无关的事情。

令人惋惜的是,大多数人都本末倒置。他们过于专注工作,以至于忘了为何要在工作中取得成功的初衷。

生活中人际关系很重要。人生中85%的成功来自你与他人之间的愉悦关系。只有15%的幸福来自你在工作或其他行动中的成就。你必须保持平衡的人生。

🌱 简化并改善生活

保持平衡的关键很简单,把幸福快乐的家庭生活定为最高目标,你的生活将围绕最高目标展开。

第七章
如何充分发挥自己的潜能

在晚上和周末多花些时间与家人在一起，还要抽出时间与家人去度假。你要记住，在家中的时间长短很重要，会影响工作时间的质量，要保持这两者的平衡，别本末倒置了。

在所有平衡原则中，最简单的就是先考虑人。所有人中，最先考虑你生命中最重要的人。

工作时认真工作，不要把时间浪费在闲聊和无用的活动中。工作中因闲散的交际活动而浪费的每一分钟就是你从家庭时间和重要人际交往中抽出的一分钟。

实际上，当你保持平衡的人生，便能完成更多的工作，获得更多的报酬，有更多时间与家人在一起。因为这些正是你要成功的初衷。

🌱 要成为以行动为导向的人

每个人都很忙碌。老板想要即刻完成所有工作。上一秒，客户可能还不知道自己想要购买你的产品

或服务，而下一秒，他们却想即刻就得到。人们缺乏耐心，没有人想排队等待。在互联网上，平均来说，如果一个网站的内容在七八秒钟不展现出来的话，浏览网站的人就会转向其他网站。

在任何领域，对于表现出色的人来说，其最明显的外在特点就是忙碌。表现出色的人会主动地去完成工作，会一遍一遍采取行动，不断向目标前进。

反过来，要成为表现出色的人，最大的一个障碍就是容易光说不做。许多人认为良好的讨论和不停的规划就是执行任务，可只有真正动起来才算行动，只有真正执行任务才算执行，真正重要的是完成任务。

结果就是一切

说到底，老板只是为了你实现的结果才给你支付薪水。结果就是一切。以结果为导向会带来高效率和高绩效。

今天就下定决心：当机会或需求出现时就快速

第七章 如何充分发挥自己的潜能

采取行动。迈出步伐、采取行动、干正事吧!

令人高兴的是,你行动越迅速,感觉就会越好;你行动越迅速,精力就会越充沛;你行动越迅速,完成的工作就会越多;你行动越迅速,学识就会越渊博、经验就会越丰富;你行动越迅速,升职加薪就会越快。

高效公式

有个 5 步公式可让你最大限度发挥自己的潜能。

第 1 步,明确自己想要什么,也就是你的目标。

第 2 步,列出今天你为实现这些目标必须做的所有事。

第 3 步,把清单上的事项按优先顺序排列,选出 A-1 事项,也就是你现在要完成的最重要的那项任务。

第 4 步,马上开始执行你的第一项任务,并且严格要求自己,一心一意去执行任务,直到完成。

第 5 步,一遍又一遍向自己重复这句话:"现在就做!现在就做!现在就做!"

总 结
现在你应该怎么做

我们生活在伟大的时代。除了你对自身的限制，没有什么能限制你成功。你要做的就是成为行业内最有效率的人。你的目标是建立这样的声誉，当有人想要或需要完成某个任务时，你就是那个能完成这项工作的人。

你要做的是成为公司里最有效率和最有价值的人，获得升职加薪的机会，拥有灿烂的人生。你可以通过有效管理时间和不断提高效率来获得灿烂人生。重塑自我在你的掌控之中。

> **实践练习**

1. 老板为什么会支付你薪水？在老板聘用你做的

总 结
现在你应该怎么做

所有工作中，哪项最重要？

2. 哪项技能，如果你绝对擅长，会对自己的职业生涯最有帮助？

3. 在你的人生中，应该将哪些活动或任务委派出去，减少或删除哪些活动或任务？

4. 如果今天你可以重塑自我，你会有何不同？

5. 你应该尽快完成的最重要的项目是什么？

6. 哪些是只有你才能做的事，如果做得好，会对你的工作和个人生活产生重要影响？

7. 根据你在本书中学到的知识，你会立即开始做什么，或停止做什么？

博恩·崔西职场制胜系列

《激励》
定价：59元
ISBN 978-7-5046-9168-2

《市场营销》
定价：59元
ISBN 978-7-5046-9127-9

《管理》
定价：59元
ISBN 978-7-5046-9167-5

《谈判》
定价：59元
ISBN 978-7-5046-9166-8

《领导力》
定价：59元
ISBN 978-7-5046-9128-6

《高效会议》
定价：59元
ISBN 978-7-5046-9182-8